人工智慧的商業化路徑

工業 4.0 時代的科技革命，揭祕新工業時代

掘金藍海
個人化製造

個人化製造相結合，開拓創新商業模式

業 4.0，製造業如何突破 AI 實現創新轉型？

析個人化製造的興起，及其對傳統製造業的影響

細闡述 AI 在製造過程中的應用，提升效率與品質

望未來製造業的挑戰與機遇，強調持續創新的重要性

陳炳祥 著

目錄

前言

縱觀人類文明的發展史，生產工具與生產方式的變革往往具有劃時代的意義。而進入網際網路時代後，人工智慧技術的進步和發展也將帶來生產力的重大飛躍。

1956 年，電腦科學家馬文・明斯基（Marvin Lee Minsky）在「達特茅斯會議」上提出了人工智慧（Artificial Intelligence）概念。雖然在 1960 年代和 1980 年代，人工智慧的發展也曾迎來兩個成長期，但由人工智慧掀起的商業化浪潮卻並未到來。

2016 年 3 月，由 Google 旗下公司研發的圍棋人工智慧程式 AlphaGo 戰勝世界圍棋冠軍李世乭，這一「人機大戰」在引起人們震驚的同時，更讓人意識到人工智慧的商業化已經拉開帷幕。

之前，雖然 Google、微軟、IBM 等世界領先科技企業已經在人工智慧技術方面有所投入，但其主要用途一般是企業自身的營運最佳化。但近幾年與人工智慧相關的產品已經越來越多的進入我們的生活，並有望成為商業發展的新引擎。

尤其進入 2016 年，人工智慧的商業潛力更是得到了前所未有的釋放。

一方面，人工智慧成為了眾多資本青睞的對象。根據 CB Insights 的調查報告：截至 2016 年 11 月，全球總計 1,485 家人工智慧初創企業的融資總額高達 89 億美元；單就美國的企業來看，其在 2016 年獲得的融資金額約為 2012 年的 10 倍。

另一方面，與資本的瘋狂布局對應的，是網際網路大廠們在人工智慧領域的跑馬圈地。從國外來看，2016 年被收購的人工智慧初創公司數量達

到了近年來的最高值，蘋果、eBay、英特爾、微軟、Google、亞馬遜等紛紛開啟收購模式，以此提升各自在人工智慧領域的實力。

根據相關統計，2016 年全球人工智慧市場規模已經超過 100 億美元，2020 年全球人工智慧市場規模預計擴大一倍，達到 200 億美元左右。由 ChatGPT 掀起的人工智慧 (AI) 熱潮，引起各產業對 AI 應用的興趣。瑞銀 (UBS) 預估，AI 市場將在未來幾年內增長數倍，至 2025 年市場規模可達 900 億美元。因此，無論對創業者、大廠企業還是資本方而言，人工智慧的機遇都不可錯失。

《連線》（*Wired*）雜誌創始主編凱文·凱利（Kevin Kelly）曾經預測人工智慧將成為下一個顛覆人類社會的技術，並認為隨著其發展，人工智慧會像水、電、網際網路等根據使用者的需求而取用。雖然，這一設想的實現仍然需要技術以及商業領域的探索，但毫無疑問的是，人工智慧將改變世界，成為未來的產業新風口、工業 4.0 時代的商業新引擎。

第 1 章

個性化製造：工業 4.0 策略下的製造新思維

1.1
小眾崛起：C2B 模式引領個性化智慧製造時代

1.1.1
個性化需求：C2B 模式的邏輯起點

消費需求越發個性化是 C2B 模式能夠成功的重要基礎，也是企業發展 C2B 模式的關鍵所在。以大規模生產為核心的傳統工業模式，極大的豐富了人類社會的物質生活與文化生活，大到汽車，小到手錶，在各行各業中，以前僅有少數人消費得起的奢侈品，在科技發展與市場需求爆發的推動下成為了大眾消費品。而進入 1970 年代後，在美國等已開發國家，消費品產業普遍進入產能過剩階段，交易主導權開始回歸消費者。

《彭博商業周刊》（*Bloomberg Businessweek*）曾經對美國的這種情況進行了詳細描述：「1950、1960 年代，同質化與標準化成為美國社會的典型特徵，不僅不同種族的穿著打扮十分相似，就連人們的願望也沒有太大的差異。當時美國人的普遍心態是：要和同一階層的人一模一樣，穿著同樣的襯衫、吃同樣的麵包、開著同樣的汽車等。但在 1970 年代後，由於物質生活的極大豐富，人們的消費需求開始越發個性化，個性化與差異化逐漸取代了同質化與標準化。」

如今，這種消費需求的個性化與差異化正在亞洲市場上演，在當前的市場環境中，消費不斷升級的同時，人們對充分展示自己個性的產品及服務表現出了強烈的購買欲。

網際網路以及行動網際網路的崛起，使得個體與組織之間的合作變得更加高效能、低成本，企業與企業、企業與消費者以及消費者之間能夠實

現無縫對接。透過線上管道，那些離散的分布在各個區域的個性化需求，能夠被企業進行高度整合，並為其提供相應的訂製產品及服務。這種背景下，以前受制於市場規模過小、交易成本較高的各種細分市場，也成為企業探索商業價值的重要途徑。

為了能夠充分滿足人們的個性化需求，各式各樣的網路應用產品如雨後春筍般大量湧現，從而進一步激發了人們的個性化需求。毋庸置疑的是，和傳統工業時代時的幾乎沒有話語權相比，網際網路時代的積極參與互動及分享，能夠給人們帶來強烈的體驗感與成就感，使人們變得更加充實、更為快樂。

在傳統工業時代，消費者想要參與到產品設計、製造、定價、行銷等諸多環節中既不可能，也不現實，而如今誕生於網際網路中的各種社交媒體卻使之成為可能。具體來看，之所以消費者會自發參與到個性化製作過程中，主要因素可以概括為以下幾點：

▶ 滿足獲取個性化產品的需求。當消費者親自參與到產品設計生產等環節中時，能夠最大程度上確保最終的產品滿足自身的個性化需求。

▶ 滿足自我創造樂趣需求。比如：在風靡世界的沙盒遊戲「Minecraft」中，玩家可以隨心所欲的生產自己感興趣的東西。

▶ 滿足成就感、自我實現等更高層次的需求。比如：自發參與到維基百科的建立及維護中來。

▶ 其他需求：比如獲取與商品相關的、最新的、最為專業的資訊等。

事實上，在如今的人類社會發展水準下，很多人所認為的「訂製」、「個性化」等概念並不準確。以「訂製」為例，很多人認為商家將完全按照消費者的個性化需求組織生產，確實在某些產業也能做到這一點，但考慮

到生產成本、生產週期、產品價格等方面的因素，這並不具備成功基礎。

我們可以將「訂製」理解為在層次及程度方面存在差異的「客製化」，此時的訂製可以被分為「快訂製」與「慢訂製」、「淺訂製」與「深訂製」等。

而對於「個性化」，很多人可能會思考：目標族群到底存在哪些方面的個性化需求呢？如果我們了解 C2B 模式當前的發展現狀，可能不會去思考這個問題，真正有意義的深層次問題是：在消費需求越發個性化的背景下，企業可以發掘出一個怎樣的個性化消費需求市場呢？

一家電商集團 CEO 在對某一年「雙 11」的傲人戰績進行總結時指出：「今年『雙 11』絕大多數線上的產品都是基於大數據和個性化來推薦的，我們的推薦並非是簡單的面向特定人群推薦，對於在時間、區域等不同維度上的個性化消費族群劃分，我們同樣投入了大量資源與精力，最後的結果充分證明了這種個性化推薦有效提升了消費者的購物體驗。」

1.1.2
個性化訂製：C2B 開啟新電商模式

作為誕生於網際網路時代的全新商業模式，C2B（Consumer to Business，即消費者到企業）顛覆了供需雙方間的關係，消費者也是價值創造者，企業也是價值消費者。以消費者為中心是 C2B 的核心所在，交易由消費者主導。

◆C2B 模式的起源

在網際網路技術革命逐漸完成對人類文明重構的過程中，C2B 模式開始迅速崛起。一家電商大廠是 C2B 模式的積極探索者，早在 2008 年，其就對 C2B 模式的重要價值給予充分肯定。

　　資料經濟的崛起，將使人類社會發生顛覆性變革，為世界經濟發展提供核心動力的不再是石油，而是資料。傳統的 B2C 模式將被 C2B 模式取代，在交易過程中，使用者擁有絕對主導權，而掌握大量使用者資料資源的企業，將透過充分滿足使用者的個性化需求而迅速發展壯大。

　　一家電商領導者將 B2C 模式歸屬為過渡性的商業模式，在他看來，未來主導電子商務的將會是 C2B 模式。隨著網際網路以及網際網路在各產業應用程度日漸加深，消費者在商業貿易中的話語權越來越高，最終將會升級為產業價值鏈的核心驅動力。

　　訂製將漸成主流，雖然它在供應鏈管理能力、彈性化生產、訂單快速回應、平臺化合作等方面提出了極高的要求，但隨著新一代資訊科技的應用，以及製造業水準的不斷提升，這些問題將會迎刃而解。

　　一家電商的 CEO 將 C2B 定義為「以銷定產」，根據產品的銷售情況組織生產，先銷售產品，然後透過高效能、靈活的供應鏈回應滿足使用者需求，從而實現零庫存。

　　消費者為王是 C2B 模式需要遵循的基本原則。在產能過剩時代，企業為了盈利，必須充分了解使用者需求，雖然很多企業內部也存在分析使用者需求的產品經理，在設計產品時，也會透過各種管道來獲取相關資料，但和運用 C2B 模式讓消費者直接為企業提供各種生產參數相比，其獲取的資料既不精準，而且需要耗費大量的時間成本。

　　當然，考慮到消費者知識、技能的局限性，企業有必要在線上管道為消費者提供一些必要的參數，以便使其利用通用標準快速設計出個性化產品。

◆C2B 特點與優勢

和其他電子商務模式所不同的是，C2B 模式對網路基礎配套設施及消費者的整體素養提出了更高的要求。C2B 模式是對電子商務模式的進一步完善，為供需雙方的商業貿易提供了更為多元化的選擇。也正是 C2B 模式的出現，使消費者在電子商務中的話語權得到進一步提升。

（1）C2B 的特點

- ▶ **臨時性**。在 C2B 電子商務中，消費族群是臨時性的聚集起來的，議價及購買具有單次性特徵。

- ▶ **目標性**。消費者聚集起來的目標是為了提升交易時的議價權，並購買到滿足自己個性化需求的產品。企業族群則是為了追求低成本，實現零庫存。雙方都有著強烈的目的性。

- ▶ **週期性**。從存在需求的消費者在線上聚集整合為一個組織，然後到和商家進行談判並購買，最後收到產品後進行評論回饋，是一個 C2B 模式購物的完整生命週期。

（2）C2B 的優勢

- ▶ 充分展現了以消費者為中心的商業理念，有效提升了消費者在電子商務中的話語權。

  - ① **省時**。無須為了購買自己需求的商品，而在大量的同質化商品中進行篩選，只需要進入專業的 C2B 平臺發送需求即可。

  - ② **省力**。無須為了購買自己需求的產品而和商家議價，在 C2B 平臺上發送需求的同時，提供自己能夠接受的產品價格即可。

③ **省錢**。發送在 C2B 平臺上的使用者需求會得到多家商家的回應，商家將會給出包括生產週期、產品價格在內的完善的解決方案，消費者根據自己的需求做出選擇即可。

▶ 為企業提供了更為廣闊的發展空間，在企業生產成本不斷成長的當下，透過運用 C2B 模式可以有效控制生產成本，並且擴大受眾族群的涵蓋範圍，推動企業從重資產型模式，向以網路合作為主的輕資產型模式轉型升級。此外，C2B 模式還能使企業以銷定產，去除大量中間環節，實現低庫存甚至是零庫存。

▶ 進一步完善了電子商務生態系統，推動整個電子商務產業日趨成熟。

1.1.3
個性化製造：C2B 模式的實現路徑

在實現方式及訂製層級維度上，市場中應用較為普遍的 C2B 模式可以分為以下幾種：

◆ 聚合訂製

顧名思義，聚合訂製是指對使用者需求進行整合，並組織商家進行批式生產的模式。比如：在各種電商活動期間，很多商家會在電商平臺開通預售管道，消費者以支付少量訂金的方式獲得優惠名額，然後在活動當天支付尾款。

這種預售模式是典型的聚合訂製模式，由於其能夠提供給消費者較大的讓利空間，而贏得了很多消費者的認可，與此同時，它也為電商平臺連續重新整理各種交易紀錄提供了強而有力的支持。

從企業角度上，聚合訂製模式的優勢在於，它能夠使企業精準對接目

標族群，有效解決了 B2C 模式中的盲目生產所造成的庫存積壓、資源浪費等痛點，提升了企業的抗風險能力及盈利能力。不過，聚合訂製模式更多的是聚合消費者的需求，並沒有涉及到產品訂製環節，是一種淺層次的訂製模式。

圖 1-1 C2B 模式的實現路徑

◆模組訂製

A 公司作為一家引入「訂製家電」概念的企業，在其線上商城中為消費者開通了產品訂製管道，消費者可以根據自身的需求選擇冰箱的材質、溫控方式、體積容量及外觀圖案等。

B 品牌手機也是採用模組訂製的典型案例，消費者可以選擇手機的顏色、外觀、螢幕、記憶體容量、鏡頭、預裝應用程式等。雖然和聚合訂製模式相比，模組訂製在訂製層次上有所提升，但它仍屬於淺層次訂製範疇，消費者只能從有限的模組中選擇，因為全部訂製需要付出較高的資金及時間成本，尤其是對於利潤空間著實有限的手機、冰箱這種大眾消費品，目前並不適合採用完全訂製模式。

◆ 深度訂製

在深度訂製模式中，消費者可以參與到產品生產的各個環節之中，所以，也有業內人士將其稱之為「參與式訂製」。由於消費需求越發個性化，深度訂製生產出來的每一件產品甚至都可以被看作為獨立的 SKU(存貨單位)。在目前的市場中，深度訂製主要應用在服裝、家具、奢侈品等領域。

以家具為例，採用深度訂製模式的商家可以讓消費者自由選擇材質、風格、外觀、功能等，當然，這意味著消費者需要付出較高的時間成本及資金成本。

阻礙深度訂製模式發展的最大難題在於，產品的充分個性化和大規模生產之間的矛盾，未來，新一代資訊科技及先進生產裝置的應用，將為解決這一問題提供有效路徑，以訂製家具品牌 C 公司為例，透過引入 IT 技術、先進生產線，並開發出設計系統、條碼應用系統、線上訂單管理系統、混合排產系統等，C 公司在一定程度上解決了深度訂製家具產品成本過高的問題。

◆ 要約形式

要約形式是指消費者與商家互換位置，由消費者提出想要的產品及價格，商家可以選擇是否接受，美國旅遊服務網站 Priceline 就是典型的要約形式，這家網站主要提供的訂製產品主要包括機票、飯店、租車及旅遊保險。當使用者在平臺上發送需求後，Priceline 平臺將對供應商網路及資料庫中的商家進行篩選，從而在最短時間內幫助消費者找到合適的商家。

為了能夠為消費者帶來良好的購物體驗，Priceline 平臺對其服務品質進行了不斷提升，比如：使用者訂單回應時間從最初的 1 個小時降低至 15 分鐘，使用者發出的超過 80% 的電子郵件將會在 3 個小時內予以回覆等。

當然，C2B 模式的分類方式十分多元化，從產品屬性角度上，我們可以還可以將 C2B 分為實物訂製、技術訂製以及服務訂製。顯然，上面所提到的服裝、家具、冰箱、奢侈品應該被劃分到實物訂製範疇。

提起技術訂製，我們很容易想到 3D 列印技術，其擁有的廣闊發展前景，已經得到了企業界的充分肯定。隨著 3D 列印技術不斷向醫療、服裝、玩具、航太等領域拓展，傳統製造業也有望迎來一次前所未有的顛覆性變革。

服務訂製應用較為普遍的產業是軟體開發、婚慶、俱樂部等領域。有一家公司是服務訂製的積極探索者，其粉絲可以在品牌的論壇中提供關於 MIUI 作業系統及硬體配置的回饋建議，從而推動其產品日漸完善及成熟。

1.1.4
新製造思維：C2B 模式的成功策略

從產品屬性角度上看，C2B 模式可以劃分為實物訂製、服務訂製及技術訂製。家電、服裝、手機是典型的實物訂製；美容、美髮、旅遊、婚慶、家政等則是典型的服務訂製。

而技術訂製中最受期待的就是 3D 列印，該技術在食品、服裝、家居、航空、玩具等領域有著十分廣闊的應用前景，是一個能夠改變整個製造業的顛覆性技術。未來隨著 3D 印表機及列印材料成本的不斷下降，再加上人們收入水準的不斷提升，3D 印表機將有可能變為一個大眾消費品，屆時，整個人類社會將會迎來一場空前浩大的工業革命。

整體來看，服務訂製的實現相對比較容易，目前也已經出現了較為成熟的玩法；技術訂製和科技水準的發展有關，需要經過多年的沉澱；C2B 模式所面臨的困境主要集中在實物訂製領域。對於實物商品領域，要想真正實現 C2B 模式，製造企業必須要做到以下幾個方面：

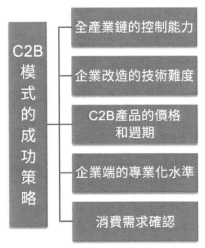

圖 1-2 C2B 模式的成功策略

◆ 全產業鏈的控制能力

C2B 對企業整個業務流程都要進行一定的最佳化調整。以手機品牌商為例，絕大部分的手機品牌商都是將生產、製造及組裝業務外包給了第三方，供應鏈不穩定，而能夠進行訂製化的手機品牌 B 就是因為其控制了設計、生產、行銷、銷售等產業鏈的核心環節，才能夠以靈活高效能的彈性化生產充分滿足消費者的個性化需求。鞋類品牌 C 與家居品牌 D 等為使用者提供訂製服務的企業亦是如此。

◆ 企業改造的技術難度

個性化訂製對企業的供應鏈提出了極大的挑戰，產品設計、研發過程中必須充分考慮各個模組及零部件的通用性，要讓個性化需求與規模化生產達到某種平衡。在傳統工業時代，商品都是採用標準化的大規模批式生產，而在 C2B 模式中就必須為每一件個性化商品都能夠提供一套生產方案，顯然只有藉助於高度智慧化及自動化的生產線才能達成這一目標。

以 A 公司為例，該公司是利用後臺系統將客戶提出的訂單進行處理及分析，將使用者訂單中需求的相同零件進行統計，然後批次生產，最後再將這些零件進行拼裝組合，從而滿足使用者的個性化需求。

◆C2B 產品的價格和週期

小量的個性化訂製很容易導致產品成本上漲，從最初的客戶個性化需求獲取，到為客戶進行個性化訂製，再到最終的送貨上門甚至是售後服務等，需要經過多個環節，生產成本會明顯增加。而且由於 C2B 訂製是先下單再生產，而且客戶訂單相對比較分散，必然會造成企業的產品生產週期大幅度提升。

在一家空調公司和電商平臺的合作案例中，為了控制成本，而對產品訂製進行了一定的限制，比如：需要有超過 2,000 名客戶支付尾款才正式進入生產環節，而且空調本身的生產週期就相對較長，客戶需要 2 個月後才能獲得自己需求的訂製商品。

◆企業端的專業化水準

C2B 模式讓消費者獲取了更多的話語權，但對於廣大消費者而言，他們本身可能無法明確的描繪出自己的個性化需求，因為一方面他們可能缺乏專業知識及審美素養，另一方面他們可能也沒有足夠的時間與精力來協助商家進行訂製生產。這就需要企業能夠很好對客戶關係進行維護，培養出一批忠實客戶。

◆消費需求確認

企業對消費需求進行充分了解後，才能最大程度上的發揮 C2B 模式的強大價值，而且必須獲得足夠規模的訂單，否則會造成成本大幅度成

長，恐怕一般消費者不會願意為之買單。現階段，企業對消費需求進行確認並整合訂單的管道主要有兩種：其一是藉助於電商平臺進行策略合作，其二是自建線上商城。

1.2
智慧化生產：工業 4.0 時代的製造業轉型

1.2.1
工業互聯：生產工廠自動化營運

從本質層面來分析，「工業 4.0」是工業企業在先進資訊科技的驅動作用下，對傳統工業發展模式進行革新的結果。在「工業 4.0」實施過程中，技術應用只是企業發展的方式，其目的在於突顯企業的競爭優勢，促進工業領域的發展，為國家整體經濟實力的提高做貢獻。

未來，製藥廠能夠以消費者的基因為參考標準進行訂製化生產；食品生產企業能夠以消費者的營養需求及其個人喜好為參考標準進行生產；工業生產線能夠充分考慮到工人的作息時間安排，既能保證生產效率，又能得到員工的認可；先進的智慧裝置將代替傳統人工來發揮操作指令，維持工廠的正常運轉。

有業內人士指出，工業 4.0 的實施，意味著經濟參與主體要建構世界級工廠。怎樣來理解這裡所說的「世界級工廠」？是指參與主體在應用先進技術、軟體工具及智慧感測器的基礎上，透過建立綜合型的網路系統，將跨國公司分散在世界不同地區的工廠連結起來，使該公司能夠藉助網路平臺來了解各個工廠的發展進度，促進企業向智慧化方向的轉型，推動企業的整體性發展與進步，實現企業的成本控制，真正進入到「工業 4.0」時代。

伴隨著資訊科技的高速發展，工業企業逐漸意識到，傳統的工業發展模式已經不適合新時代發展的需求，「工業 4.0」便應運而生。企業旨在透

過實施「工業 4.0」策略模式，增強自身的競爭實力，並帶動整個產業的變革。

製造業要實施「工業 4.0」策略，就要實現供應商、企業生產線、機械裝置、產品及消費者之間的互聯互通。與此同時，企業在資訊物理系統應用過程中，需要建構完善的智慧網路，把智慧控制系統、感測系統、資訊通訊系統等都串聯起來，實現不同生產裝置、生產裝置與員工、生產裝置與產品之間的高效能互動，提高企業營運的數位化水準，在網際網路發展及應用的基礎上，實現各個環節之間的資訊共享。

單機智慧裝置在工業企業的普遍應用，顯示工業 3.0 時代的到來。世界上第一臺可程式化邏輯控制器 Modicon084 誕生於 1969 年，其應用象徵著工業 3.0 的開始，自此之後，工業企業開始在生產環節採用工業機器人、數位化機械裝置，並開始向智慧化方向發展，整個產業開啟了工業 3.0 時代的大門。

相比於工業 3.0，工業 4.0 在廣泛採用單機智慧裝置的基礎上，還能實現不同裝置之間的連線，建立起企業的智慧生產線，再將各個智慧生產線之間連線起來，建構智慧工廠，不同智慧工廠的連線，則形成智慧工廠，最終透過打造智慧製造系統，實現跨企業、跨產業的智慧工廠間的連線與互動。參與其中的製造企業，可以根據自身發展需求，將不同的智慧裝置、智慧生產線、智慧工廠進行搭配，採用整合化方式展開營運。

2014 年 4 月舉辦的德國漢諾威工業博覽會將主題設為「融合的工業 —— 下一步」。德國總理梅克爾（Merkel）在開幕式上發表演講，重點指出在工業 4.0 時代下，智慧製造企業可以透過領先技術的應用開展自動化營運，實現不同裝置之間、產品與裝置之間的互聯互通。在此基礎上，企業能夠對產品的生產過程進行最佳化，並對產品功能進行持續升級。

另外，產品本身可以攜帶更多資料及資訊，包括產品的生產與輸出時間、與產品製造加工相對應的資料、產品最終被送達的地點等等。在工業 4.0 時代，企業須透過資訊物理系統的應用實現不同機械裝置之間的連線，提高機械裝置的資訊處理能力，賦予其通訊功能，強化企業對內部裝置應用的管控，提高裝置應用的智慧化水準。

企業還可以透過資訊物理系統，實現人、資訊、產品、裝置及資源的互動溝通，以此為前提建設網路平臺，完善自身服務體系，提高企業製造生產的智慧化水準。企業應該拓寬工業機器人的應用範圍，透過智慧化建設促使企業的整個營運系統能夠自行運轉。

企業透過應用領先的資訊科技，能夠藉助網際網路，將人、裝置、程式、資源等容納到統一的網路系統中，實現企業內部各個部門、各個環節及企業與其他合作企業之間的有效互動，透過打造逼真的消費場景，對顧客的消費行為進行引導，與此同時，還能提高企業生產的智慧化與現代化水準。

在行動網際網路時代下，使用者可以透過多元化的社交平臺進入網路世界，具備感知、資訊分析與傳遞功能的生產裝置與產品透過網際網路實現與使用者之間的互聯互通。企業在向智慧化轉型的過程中，會對傳統流程模式進行改革，透過與網際網路的深度結合，在資料獲取與分析的基礎上，使企業的營運更加符合市場需求。

1.2.2
流程最佳化：全產業鏈的高效能協同

對於「工業 4.0」，德國學術研究者及產業分析者做出如下解讀：在工業 3.0 之後，圍繞智慧製造展開的新一輪技術革命，就是「工業 4.0」。企

業在實施「工業 4.0」策略的過程中，需要將資訊通訊技術與資訊物理系統的應用連線起來，不斷提高企業營運及發展的智慧化水準。

　　具備完善生產體系的製造企業，更適合向智慧化方向轉型。隨著企業智慧化水準的提高，經營者可透過物聯網對企業的生產過程進行管理，用網路平臺對製造流程實施最佳化控制。與此同時，企業還可以即時掌握自身的生產進度，在分析自身發展需求的基礎上，積極引進新材料、新技術，對原有生產流程進行調整，維持企業生產環節的正常運轉。透過實施智慧控制與管理，企業能夠運用專業運輸系統將產品送抵指定地點，系統產生問題之後，還能實施智慧化維修。

　　企業在產品生產過程中，能夠採用智慧化方式進行資源利用，藉助網路資訊科技的應用，提高能源資源的利用效率。企業透過物聯網的應用，能夠建立統一的系統，並將所有單位的營運都包含在其中，企業在制定決策的過程中，則須對每個組織體系的發展情況進行掌握，從全域性出發進行分析。

　　如此一來，企業才能保證產業鏈上各個環節的分工明確與高效能配合。隨著「工業 4.0」的展開，交通產業、環境保護產業、家居製造、物流服務產業等等都將實現智慧化。在具體實施過程中，企業會採用網路資訊系統對自身營運實施智慧化管理，透過對各個環節的資料資訊進行獲取與分析，實現不同環節之間的資訊共享。

　　隨著企業智慧化水準的提高，其資料資訊處理能力也會提高，並將處理結果傳送到有需求的部門，為企業的決策制定提供有效參考，在資訊處理產生問題時，還能向相關部門傳送提升資訊。

　　製造企業透過實施智慧化建設，能夠提高其生產組織的營運效率。企業也能突破自身限制，與外部製造商達成良好的合作關係。企業在生產過

程中出現原料短缺問題時，其合作企業則能夠及時接收到訂單資訊，根據企業需求完成雙方之間的交易。

智慧系統的應用能夠密切製造企業與合作夥伴之間的關係，實現雙方之間的高效能溝通，促使企業對傳統商業模式進行改革，提高整體營運的智慧化水準。比如，在與供應商合作的過程中，企業可以將即時需求資料提供給對方，方便供應商制定生產計畫。

企業在實施「工業 4.0」策略的過程中，實現了與網際網路的深度結合，能夠對傳統生產流程產生顛覆性的影響，員工的任務分配與角色承擔也將不同於以往。很多工人擔心企業在實施智慧化改革之後自己會面臨失業問題，對企業的技術應用持排斥心理。

在這種情況下，企業需要處理好與員工之間的關係，向員工分析企業今後的營運方式及特點，帶動員工參與的積極性，透過技術應用為員工創造更加人性化的工作環境。此外，德國還為中小企業的智慧化改革提供支援，促進最新科技成果在中小企業中的應用，並發揮企業在科技研發與創新方面的優勢。

1.2.3
智慧工廠：加強企業數位化建設

隨著製造企業對工業機器人、人工智慧技術的引進與應用，企業在產品設計、製造加工、產品監測、生產及輸出環節的營運都將趨向於智慧化，企業將逐漸成為工業 4.0 的參與者與推動者，在這個過程中，企業必須進行數位化建設。

從宏觀角度來分析，人類歷史的發展是一個十分漫長的過程，同樣，工業體系也需要經歷長期的發展與演變，儘管企業可以利用先進的技術方法來

加快自身的發展程序，但要實現自身轉型與升級，也需要具備足夠的前提。

　　企業在今後的發展過程中，需要注重製造技術的創新與應用，其中不乏與智慧製造相關的技術內容，具體包括：自動化技術、數位化製造、數位化技術、人工智慧、資訊通訊技術等等。在企業向智慧化轉型過程中，需要以這些技術的引進與應用為前提，發揮其推動作用。還要避免將這些技術與智慧製造混為一談。

　　自動化技術的概念範圍十分廣闊，與之相關聯的技術項目包括：自動控制技術、電子學、資訊科技、系統工程、控制理論、電腦技術等等，對自動化技術的能夠產生直接影響的有：控制理論與電腦技術。

　　以產品研製所需的環節進行劃分，工業產品的生產及營運過程主要包括五個環節：

圖 1-3 工業產品的生產及營運過程

▶ 方案制定環節：在這個環節要明確市場需求，並據此進行概念描述，制定產品方案。

▶ 工程研製環節：要對產品設計進行細化處理，推出實驗性產品，並進行檢測。

▶ 安排產品的大規模生產。

▶ 產品銷售之後負責向消費者提供維修及保養服務。

▶ 產品使用結束之後進行回收或處理，即對產品的整個生命週期的
管理。

早在電腦誕生之前，企業就能進行產品生產及營運，從這個角度來
說，傳統工業產品與數位化之間是相互獨立的。

在資訊化技術應用方面，自電腦誕生以來，相關的軟體及硬體裝置也
不斷更新疊代，許多電腦輔助設計工具紛紛湧現，並在產品研製及生產領
域得到廣泛應用，被視為數位化工程的早期探索時期。

在這裡對數位化工程的理論進行探討。在企業進行數位化建設的過程
中，要發揮資訊物理系統（CPS）的支撐作用。其中，C 是 Cyber（資訊
科技）的縮寫，P 是 Physical（物理環境）的縮寫，下面進行逐一分析。

產品研製所經歷的各個環節都要依靠網際網路平臺的營運，比如產品
的方案制定、數位化研製、虛擬監測等都須依靠網路系統來展開，並依據
試驗結果進行相應的調整。為此，企業需要完善網路系統的建設，還要具
備資料庫管理系統，引進工程管理工具及電腦輔助設計工具，為工程師與
設計人員的協同工作提供平臺支援。在這方面，波音 787 飛機的研製過程
為最佳代表，其設計及研發涉及 8,000 種軟體的應用，並藉助網路平臺實
現了跨地區的合作，是對 CPS 中 C（資訊科技）支撐作用的有力闡釋。

企業的數位化生產由 5 個層級共同組成，第一個層級是對自動化裝置
的應用，第二個層級是將自動化裝置連線成生產線，第三個層級則是將生
產線組成自動化工廠，第四個層級是建構包含多個自動化工廠的數位工
廠，若產品本身對製造環節的要求較高，則須進入到第五個層級，即透過

產業聯盟發展共同營運。在具體的產品生產與製造過程中，企業需要運用新材料、新技術、新裝置，這是對 CPS 中 P（物理環境）的闡釋。

物理資訊系統（CPS）是資訊科技與物理環境之間的深度結合。CPS在早期階段的應用，等同於工業化與資訊化之間的結合，當企業的技術創新與應用達到一定程度，其工業化與資訊化之間的結合也日益緊密。

1.2.4
彈性生產：提升企業的營運效率

製造企業在營運過程中，能夠利用通訊網路，將企業內不同裝置連線起來，形成「智慧工廠」。近年來，德國的製造領域正積極進行「工業4.0」的探索，德國聯邦教育局及研究部、聯邦經濟技術部都參與該專案的研究，預計投資金額達 2 億歐元。在向智慧化轉型過程中，企業將採用資訊物理系統來代替傳統模式下的嵌入式系統。

隨著「工業 4.0」策略的實施，企業將打通物聯網、資料網及服務網際網路，逐步實現資料資源、裝置、產品、服務之間的整合利用。

隨著「工業 4.0」策略的實施，預計在 2015 年到 2025 年間，製造業的生產將從集中走向分散，企業實現智慧化轉型之後，可以利用網路技術，強化對自身生產製造過程的管控，及時發現問題並制定解決方案。

在實施「工業 4.0」策略過程中，物理資訊系統的影響將逐漸滲透到許多產業中，例如汽車製造業、能源生產產業、遠端醫療、自動化技術研發及應用產業等，並促進先進技術裝置、工具的廣泛應用，促進企業對傳統業務模式進行改革，提高產業附加價值。製造企業透過應用物理資訊系統，既能實現成本控制，加快自身發展進度，促進資源整合與最佳化利用，又能減少環境汙染。

透過應用資訊物理系統，製造企業能夠對其資源供給、生產過程、產品營運過程進行即時管理，並且能夠降低成本消耗，提高資源利用率。在具體營運過程中，企業將從長遠發展角度來考慮問題，在順應產業整體發展規律的同時，提高自身對外部市場環境變化的應對能力，進行彈性化生產與營運，對企業發展過程中可能面臨的風險進行預測，提前制定應對方案。

企業透過實施彈性化生產方式，可以對自身生產流程進行調整，提高整體營運效率。此外，企業還能夠突破自身限制，與其他合作夥伴聯合，透過網路平臺實現網際網路互通，達到雙贏目的。

在進行智慧化改革之後，製造企業能夠實現整個生產系統的最佳化運作，使產品的功能設定、外觀設計更符合消費者的個性化需求，並完善自身的物流體系，為企業的營運提供各個方面的保障。企業在分析與掌握市場需求的基礎上，對自身營運進行調整，減少成本消耗與資源浪費，並對市場發展方向進行引導。

企業在應用高效能軟體工具的前提下，可以實現自身嵌入式系統與專業使用者介面之間的資訊共享與整合應用，將系統功能向外延伸。比如，智慧型手機將眾多應用程式整合到同一個作業系統中，在具備基本的通訊功能之外，還能滿足使用者的多元化需求。如今新型應用及服務項目越來越豐富，製造企業的價值鏈也將發生變化，企業將利用資訊物理系統對傳統的業務模式進行改革。隨之而來的，是汽車製造產業、能源產業、及企業內部營運的調整。

1.3
社會化供應：互聯工廠重塑企業價值鏈

1.3.1
互聯工廠：實現大規模訂製轉型

◆什麼是互聯工廠？

在互聯工廠環境下，分布在世界各地的使用者能隨時隨地藉助移動終端訂製產品，參與到產品訂製的全過程中來，整個產品訂製流程清晰可見。另外，在產品使用階段，使用者也可以藉助網際網路先行體驗，讓企業與團隊及時互動。在整個過程中，在網際網路的作用下，研發資源、社會化資源、模組商、部分裝置商實現了「線上」，他們隨時能「看到」企業的情況，參與到企業管理的過程中來，與企業對接。

◆為什麼要做互聯工廠？

現如今，消費者需求表現出了鮮明的個性化、碎片化的特點，傳統的產品生產模式越來越難以滿足這些需求。另外，面對價格戰愈演愈烈、創新力越來越低、所占市場占比越來越少、企業效益逐漸下降等問題，互聯工廠提出了有效的解決方案，不僅使消費者的個性化、碎片化需求得以滿足，還為企業帶來了創造效應。

事實上，自動化改造並不是互聯工廠的主要發展目標，藉網際網路為使用者提供最優質的體驗才是。具體來說就是藉網際網路工廠使使用者的個性化需求得到滿足，實現使用者價值，進而使企業的高效率營運變成現實。換句話說就是以高精度使使用者的高需求得以滿足，以高效率使企業的高效率變成現實。

◆ 具體的實施策略 ——「兩維策略」

兩維指的是縱軸與橫軸。其中縱軸指的是使用者價值，就是要以互聯工廠滿足使用者個性化訂製的需求，與使用者及所有利益相關方建立生態圈，包括設計資源供應鏈，來實現使用者個性化價值，進而推動企業價值得以實現。

橫軸指的是企業價值，就是藉自動化、數位化、網路化、智慧化來改造企業模式，提升企業能力以更好的滿足使用者的個性化需求，同時使企業的自動化效率得以切實提升，最終實現企業的高效益。具體來看，整個過程包括底層感測器—物物互聯—人機互聯—企業的資訊系統—企業的智慧決策系統—企業財務價值的實現。

在這個二維關係鏈條上，企業價值隨使用者價值的增大而增大。所以，互聯工廠的本質就可以理解為：創造與滿足使用者個性化價值的能力。

◆ 黏性使用者的培養方法

對於互聯工廠來說，實現視覺化訂製是一大吸睛點。企業視覺化訂製的實現方法有三種，具體如下：

1. **模組訂製**：模組訂製就是以模組化的方式對產品進行架構，使用者可以藉此來滿足自己的個性化需求。

2. **眾創訂製**：在互聯工廠平臺上，使用者可以提出自己的創意，現場與其他的使用者或設計資源進行互動。另外，企業還可以將創意在網際網路平臺上展示出來，徵求使用者意見。基於這種種功能，互聯工廠平臺就變成了一個眾創的設計平臺。待使用者對這一創意形成統一意見之後，就能轉變為實體製造。

3. **專屬訂製：**在互聯工廠，使用者不僅可以訂製個性化的硬體產品，還可以訂製專屬的軟體產品與服務。

待首批使用者體驗結束之後，使用者會向工廠提交該產品的使用情況，回饋體驗效果，提出改進意見。事實上，這是一個使用者參與、使用，使用者體驗疊代更新的過程。

1.3.2
智慧升級：個性訂製與彈性供應
◆ 互聯工廠顛覆了什麼？

從製造企業的角度來看，互聯工廠顛覆了企業的傳統開發思維，摒棄了傳統的瀑布式串聯開發方式，轉變為疊代式開發。使用者的疊代使用，不僅能引領產品創新，還能為產品帶來溢價，提升企業價值。

在實體製造業中，企業主要利用高效能彈性的製造模式來滿足使用者的個性化需求。藉互聯工廠，使用者的個性化需求能充分反映出來，之後再以高效能自動線、彈性自動線、智慧單元線完成高速流程製造體系的建構。

在採購模式方面，互聯工廠顛覆了企業的供應商與模組商，摒棄了傳統的招標競價、送貨買賣方式，將大部分供應商變成了設計資源，從使用者互動環節開始為其提供方案。

縱軸是藉虛實結合體系為滿足使用者個性化需求的體系提供支撐，使企業的高精度得以實現。橫軸主要是以能力支援使用者個性化需求的實現，包括智慧化、自動化、數位化、模組化四大內容。

▶ **模組化**。模組化是基礎。以冰箱為例，過去一臺冰箱有 300 多個零部件，現在，這些零部件被歸納為 23 個模組，相當於可以在平臺上展開通用化、標準化的工作。在將通用化模組與個性化模組區分開之後，使用者個性化需求的滿足、互動訂製、疊代引領都能實現。

▶ **自動化**。自動化指的是使用者互聯的智慧自動化，以使用者個性化訂單的滿足為前提，驅動個性化、自動化體系建構，使企業的彈性化產生需求得以滿足。在這方面，如果智慧系統沒有與自動化系統銜接在一起，企業的彈性生產就難以實現。

▶ **數位化**。數位化生產的實現需要五大系統，實現三網融合（其中三網指的是物聯網、務聯網與網際網路）、人人互聯、機物互聯、人機互聯、機機互聯。在這幾大資訊系統的作用下，整個工廠連結在一起，變成一個與人腦相似的智慧系統，與使用者自動互動，使使用者需求得以滿足，對使用者的個性化訂單進行自動回應。

▶ **智慧化**。互聯工廠中的智慧化可以劃分為兩個板塊，一是產品的智慧化，二是工廠的智慧化。

首先，產品越發智慧化，從簡單的功能性產品轉變成了智慧產品，能實現自動控制、自主學習、自動最佳化，能與企業互動，建構一個智慧場景。

其次，工廠越發智慧化。在互聯工廠中，藉助大數據分析能明確訂單類型，進而調整產品生產方式。事實上，工廠的智慧化相當於產品的智慧化，不僅使使用者的個性化需求得到極大的滿足，還提升了企業承接訂單的效率。

◆ 互聯工廠帶來的機制上的變化

整體來講，互聯工廠帶來的機制上的變化的主要表現就是員工變成了合夥人。互聯工廠實現之後，企業摒棄了傳統的內部考核機制，在流程方面將傳統的串聯變成了並聯，設計、互動、製造等活動的進行不再需要等待，可以在這個平臺上同步進行。

▶ 對互聯工廠、使用者的互聯社群、視覺化的工廠體系進行整合，建構一個生態，同時融入其他的社會資源，改變過去單一的生產製造模式，重新建構一個體系來滿足使用者的個性化需求。

▶ 將互聯工廠打造成一個公共、開放的平臺，這個平臺不只用於企業產品生產，服務於企業自己的創客，還是一種社會化資源，能將互聯工廠的經驗、能力、使用者互動平臺都社會化，形成一個規模龐大的生態圈。

1.3.3
海爾再造：互聯工廠的實踐探索

在業外人士的心目中，中國的海爾是一家傳統家電企業。事實上，海爾擁有高度智慧化的互聯工廠。在業內人士看來，海爾的互聯工廠是未來工業發展趨勢的象徵。

海爾互聯工廠專案開始於 2012 年，首個互聯工廠在瀋陽。現如今，瀋陽的智慧互聯冰箱工廠已進入營運階段，這是世界上第一個智慧化的冰箱生產工廠。在這個工廠中，冰箱可以根據使用者需求實現訂製。繼智慧互聯冰箱工廠之後，海爾開始籌建更多互聯工廠，嘗試從大規模製造轉型為大規模訂製。

◆「活」的工廠

在互聯工廠建設方面，海爾做了很多探索與實踐。

在這個智慧互聯冰箱工廠的生產線上，製造系統能自動辨識、切換冰箱，即使前後兩臺冰箱的型號與樣式完全不同；顏色、尺寸完全不同的冰箱門在製作完成後會自動坐上運輸車，找到相應的箱體配對安裝。整個生產過程實現了視覺化操作，管理者即使在千里之外也能對整個生產過程進行操控。

在傳統的冰箱工廠中，僅搬送門殼這一過程就需要二、三十人，每個門殼重十幾公斤，平均每人每天需要搬送上千個，勞動量大不說，還經常出現錯拿錯放的情況。互聯工廠很好的解決了這個問題。在互聯工廠中，門殼與內膽、箱體與箱門的搬運工作全部由機器完成，機器能根據嵌入晶片對其進行自動辨識、精準配對，將人力勞動量降到了零。

在組裝工廠，生產線上的箱體顏色、型號、樣式各不相同，精準排序的箱門被送到組裝工人身邊，工人只需將其對應安裝即可。

◆重塑企業供應鏈

從零部件到模組化，海爾對企業的供應鏈進行了重塑。

在傳統工業時代，產品是企業一切活動的中心，企業的供應鏈也好，工廠內各流程組建的生產線也罷，都以「線性」方式串聯起來，研發—採購—生產—組裝—銷售—物流就是典型的企業供應鏈。

但是，為了朝大規模訂製化生產轉型，海爾顛覆了傳統的供應鏈體系，建構了一個網狀系統，透過組織並聯引導使用者參與產品設計、生產、行銷全過程，透過「人」與「物」的並聯實現了智慧化工廠的建造。

在這個過程中，不只海爾的生產線、員工角色發生了改變，供應商也

接受了一次大規模的洗牌。

在海爾的傳統工廠中，一臺家電成百上千的零部件，一部分透過招標的方式選擇供應商，由得標的供應商提供，一部分由企業自行生產。如此採用這種方式，訂製一臺家電就需要上百個供應商，產品的交貨期限、生產成本就會變得無法控制。

為了解決這個問題，海爾對供應鏈進行了重組，將一臺冰箱所用的320個零部件整合成了23個模組，對應23個供應商。互聯工廠摒棄了傳統的「大而全」的生產模式，只做模組組裝。過去，一臺冰箱的製冷系統所需的零部件需要4、5個供應商提供；現如今，海爾將製冷系統與內膽合併，統稱製冷模組，選擇了一家研發實力雄厚，擁有超強技術能力的供應商，將設計與供貨工作全部交給他負責。

為了吸引世界頂級的模組商，海爾建立了一個資源平臺——海達源。在家電產業，這是全球首個供應商可以線上註冊的平臺。在這個平臺上，供應商可以自行註冊、搶單、交易、互動、交付、最佳化。截止到目前為止，入駐該平臺的供應商已達7,400家，在這個平臺上，海爾與使用者可以提出自己的需求，供應商為其提供解決方案。

◆「網際網路＋」迫使製造業轉型

轉型＝痛苦，這個定理在任何產業都適用。在轉型期間，裁人是海爾最大的痛苦來源。兩年的時間，海爾裁掉了2.6萬名員工，其中包括很多中層管理人員。

裁人異常艱難，海爾之所以邁出這一步，是因為現如今，隨著使用者需求越發個性化，越來越難以捉摸，產品銷售越發困難，庫存嚴重積壓，使企業陷入了發展困境，轉型、裁人都是無奈之舉。

在傳統工業時代，產品是核心，消費者的產品需求非常相似。在那個時期，拓展企業規模、做大做強是所有企業的目標。秉持著這一目標，海爾僅用 30 年的時間就將企業規模做到了世界第一。僅以冰箱為例，海爾在全球擁有 20 個冰箱工廠，年產能達 2,000 多萬臺，每年為企業創造了 2,000 多億人民幣的收入。除此之外，海外的行銷體系在中國國內也是最長的，縣級專賣店—鄉鎮級專賣店—村級連鎖站。在中國市場上，平均每 48 平方公里就有一家海爾店鋪。

但是，自進入網際網路時代以來，海爾發現，企業生產的產品與使用者需求脫節，企業產能過剩，市場供過於求，消費者掌握了絕對的話語權，利用網際網路足不出戶就能貨比三家，使用者成了中心。在這種市場環境中，消費市場表現出了三大發展趨勢，分別是需求多元化、需求細分化、需求個性化。

海爾傳統的產品生產流程是：研究部門進行市場調查—管理者決策—材料部門採購原料—生產—組裝—銷售。在這個產品生產流程中，市場調查失真或管理者決策失誤都有可能導致產品滯銷、積壓，一旦出現這種情況，企業就只能降低產品價格，甚至虧本特賣，使品牌形象、企業利益嚴重受損。

大規模製造的優勢驟然間變成了劣勢，企業藉助大規模生產方式製造的產品越多，銷售難度就越大，庫存積壓就越嚴重。在市場萎縮、效益不斷下降的情況下，對於企業來說，大產能、長管道、眾多的人員都是負累。

為了更好的收集使用者需求，海爾建立了「眾創匯」，這是世界上第一個使用者互動訂製平臺。在這個平臺上，小型企業和微型企業會自發的尋找潛在使用者，建構互動社群，和裝置商、供應商一起設計商品，同

時，使用者還能看到互聯工廠產品生產的全過程。

在使用者的創意下，海爾已研發、生產了很多獨樹一幟的產品，比如無油壓縮機冰箱、雷神筆電等等。另外，海爾還在嘗試整合各式各樣的使用者互動方式，包括網站、客服中心、散布在全中國各地的專賣店，力求做到「使用者在哪裡，就去哪裡互動」。

現如今，除了瀋陽的互聯工廠之外，鄭州空調互聯工廠、佛山洗衣機互聯工廠、青島熱水器互聯工廠都在試營運。

從表面上看，互聯工廠是硬體的網際網路化、自動化、無人化，事實上，互聯工廠是將網際網路基因與傳統的工廠融合，與使用者零距離接觸，讓使用者真正參與到產品設計、製造、行銷的全過程。

根據海爾對未來製造業的判斷，未來，使用者將成為工業的起止點，全球工業將從大規模訂製朝專屬化、個性化訂製發展，互聯工廠、智慧製造是大勢所趨。

第 2 章
AI 革命：即將到來的人工智慧商業時代

2.1
人工智慧：網際網路時代的新一輪技術浪潮

2.1.1
人工智慧：開啟網際網路的下一幕

近年來，人工智慧在全球掀起了一股狂潮，世界各國紛紛制定策略規畫來推進人工智慧的進一步發展。

◆人工智慧的誕生與發展

從人工智慧的概念誕生，到如今在諸多企業的推動下向各個領域不斷深入，經歷了將近 70 年的時間。迫於材料、技術等方面的限制，人工智慧的發展歷程並不順利，進入 21 世紀後，深度學習、大數據、雲端運算、物聯網等高科技技術的持續突破，使得人工智慧迎來重大發展機遇。

人工智慧包括強人工智慧與弱人工智慧，前者強調思考能力，它指出機器並非是一種簡單的工具，它本身可以擁有一定的自我意識及知覺，能夠思考並主動幫助人們處理各種問題；後者則重點展現機器人擁有的表象性智慧特徵，比如，機器人能夠像人一樣感知周圍環境等。

人工智慧需要擁有理解能力、溝通能力及協同能力，這能讓它們模擬人類的思考方式來處理外界資訊，藉助視聽功能與外界進行互動，並藉助行動控制來實現人機協同。

近年來，隨著生活水準的不斷提升，以語音辨識、機器視覺為代表的弱人工智慧產品受到了人們的青睞，在龐大的市場需求驅動下，企業界紛紛布局人工智慧領域。據市場研究機構發表的資料顯示，2015 年全球人工

智慧市場總規模將近 1,684 億元，預計未來三年內將以 17% 的年複合成長率保持高度成長，到 2018 年將達到 2,697 億元。

◆ 人工智慧發展路徑

如果我們在將人工智慧產業鏈分成基礎設施層、技術層及應用層的基礎上，去分析人工智慧的發展路徑，不難發現人工智慧產業的發展路徑可以分為兩種（如圖 2-1 所示）：

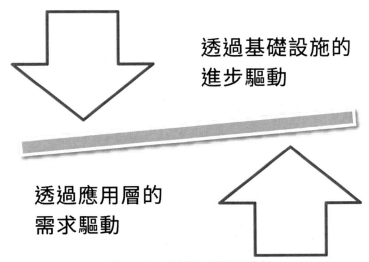

透過基礎設施的
進步驅動

透過應用層的
需求驅動

圖 2-1 人工智慧的兩種發展路徑

（1）透過基礎設施的進步驅動

基礎設施層的不斷發展，使得技術層能夠應用的範圍更為廣泛，比如，建立在大數據及雲端運算技術提供的強大資料處理能力基礎上的語音辨識及人臉辨識等。而技術層的不斷發展，使得創業者及企業能夠在更多的細分領域實施應用創新，破解了原有產業中的諸多痛點，創造出新的市場需求。

（2）透過應用層的需求驅動

應用層的需求，使得越來越多的開發者及企業投身到以智慧演算法為代表的技術層開發中，從而有效提升了基礎設施層的利用效率。當然如果技術層的發展達到一定的水準，基礎設施層的利用效率可以提升的空間著實有限，此時，如果不能實現對基礎設施層的全面升級，技術層的發展將會逐漸趨緩，甚至有可能陷入長期停滯。

目前人工智慧市場的應用層存在著廣闊的發展前景，由於其盈利能力明顯高於基礎設施層與技術層，創業者及企業進入這一領域的積極性較高。隨著這一領域市場逐漸趨於飽和，資本及人才便開始向技術層轉移。在技術層陷入停滯且市場趨於飽和後，基礎設施層又會成為關注的焦點，但由於基礎設施層需要大量的資金，鮮有創業者及中小企業進入這一領域。

就整個人工智慧產業的發展現狀而言，技術領域的應用正處於快速發展階段，5～10 年後有望進入成熟期。在基礎設施層，以量子運算為代表的顛覆性新型晶片模式在短時間內很難成功，但相對成熟的以雲端服務為核心的平行運算模式已經足夠。短時間內，人工智慧產業的發展，並不會受到來自基礎設施層方面的阻力。未來一段時間內，人工智慧產業將會以技術層及應用層為核心實現快速發展。

◆ 人工智慧產業的研究方向

毋庸置疑的是，人工智慧涉及的技術十分廣泛，在初級發展階段，研究的焦點主要是在「智慧」方面，簡單的說就是讓機器人可以像人一樣具備自主思考的能力，而不是只能聽從人的安排。相關從業者研發出多種類型的演算法賦予機器思考能力後，研究的重點領域開始過渡到機器演算法中來。

此後，人們關於將智慧技術應用到語言、聲音及圖像和硬體之間的互

動方面的需求大幅度成長，自然語言處理、人機互動及圖像辨識成為人工智慧研究的三大重點方向。在研究過程中，開發者透過使用機器學習中的演算法來推進這三大方向的研究工作。

於是，現階段的人工智慧研究方向可以分為以下四種（如圖 2-2 所示）：

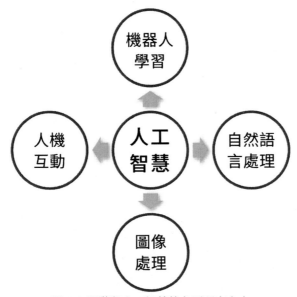

圖 2-2 現階段人工智慧的主要研究方向

▶ **機器人學習**。它是指電腦透過對掌握的大量資料進行分析及應用，從而具備預測、判斷及制定最佳決策的能力。它涉及到心理學、統計學、電腦科學、數學最佳化演算法等多門學科。目前應用較為普遍的演算法包括：決策樹、深入學習、增強演算法及人工神經網路。

▶ **自然語言處理**。賦予電腦理解人類語言的能力，從而可以將人類的自然語言轉化為機器語言，也可以將機器語言轉化為人類自然語言。需要注意的是，這裡的語言不但包括聲音，也包括文字。自然語言處理涉及到資訊檢索、句法分析、語音辨識、多自然語言處理等技術。

▶ **圖像處理**。將人類的視覺功能賦予電腦，從而使後者能夠蒐集、分析及應用圖片、多角度資料。圖像處理涉及的技術主要有圖像獲取、圖像過濾及特徵提取等。

▶ **人機互動**。它是指使電腦系統能夠透過人機互動介面與人類進行交流互動。該技術涉及到電腦圖像學、感測技術、虛擬實境技術、互動介面設計等。

隨著這些技術應用的不斷深入，一些產品及服務的出現催生了新的子領域，並以較高的速度保持快速成長。

由全球領先的研究機構 Venture Scanner 公布的資料顯示，截止到 2016 年 9 月，全球布局人工智慧領域的公司總規模已經達到了上千家，資本市場對這一領域表現出了極大的熱情，投資總規模超過 48 億美元，預計未來幾年內，人工智慧市場規模仍將保持高速成長。在人工智慧的幾大研發方向中，機器學習領域的公司數量最多，目前已經超過了 260 家。

2.1.2

技術的進化：人工智慧連線一切

《連線》創始主編凱文·凱利在其三大代表作品之一的《必然》(*The Inevitable*) 中，對未來人工智慧與媒體的結合可能產生的各種場景進行了預測，而且在他看來，這些場景也是未來的必然發展趨勢。

人工智慧領域的專家及未來學家雷蒙·庫茲維爾 (Raymond Kurzweil) 表示：「預計 2020 年，人類將藉助逆向工程研發出人腦；2030 年，電腦智慧水準將會與人類相當；2045 年，人工智慧將引領全球科技發展。此後，人類所掌握的科技將產生本質的提升。」

無論這些預言能否實現，人工智慧即將迎來爆發式成長幾乎已經成為必然。隨著人工智慧向諸多領域的不斷深入，越來越多的產業格局將會被打破，那麼在這場史無前例的重大變革浪潮的驅動下，人類世界究竟會朝著怎樣的方向演進呢？

業內人士普遍認為，人工智慧涵蓋了機器人、語言及圖像辨識、自然語言處理、專家系統等。這種觀點雖然正確，但未免有些太過保守，因為未來的一切都可能是人工智慧。

國際機器人聯合會（IFR）將服務機器人分為兩大類（如圖2-3所示）：家用服務機器人與專用服務機器人。前者主要是指以康復機器人、護理機器人、教育機器人、娛樂機器人、聊天機器人為代表的服務於人們日常生活的機器人；而後者則是以軍用機器人、農業機器人、醫療機器人、救援機器人、水下機器人、太空機器人為代表的在特殊環境下進行作業的機器人。

圖 2-3 服務機器人的兩大類別

IFR 對於個人服務機器人的未來發展前景給予了高度認可，預計到 2018 年，全球個人服務機器人銷量將達到 3,500 萬臺，交易額突破 200 億美元，其中家用機器人銷量將占比高達 71%。

這僅僅是服務機器人這一細分領域，在其他領域也存在著龐大的發展前景。未來的人工智慧產品及服務，將走進我們生活及工作的所有環節，就像如今的智慧型手機一般成為人類器官的延伸。

2015 年 10 月，全球知名顧問公司 Gartner 公布的十大策略預測中指出，2016 年人們將迎來數位化時代，機器人與智慧演算法向各個領域的不斷深入，將使人與機器人的關係被重塑；2018 年，由機器人撰寫的商業內容將占據全部商業內容的 20%；接入網際網路的智慧型裝置總量將達到 60 億臺；那些成長速度位居前列的公司中，有將近一半的公司的員工數量要比智慧機器人少。

一項關於機器智慧何時能夠與人類智力水準相當的調查（調查對象為全球人工智慧領域的專家）中，有將近 50% 的調查對象表示預計在 2040 年將實現這一目標；而 2075 年實現這一目標的支持率則高達 90%。

當然，很多人對於這種顛覆性的人工智慧技術的發展也表示了憂慮，被稱之為「矽谷鋼鐵人」的特斯拉與 SpaceX 的創始人伊隆·馬斯克（Elon Musk）甚至表示：「高度發達的人工智慧對於人類的潛在威脅遠勝過核子武器。」

當然，人工智慧產業之所以能夠以如此之快的速度成長，主要得益於以下幾點：

1. 雲端運算技術的持續突破，使得低成本的大規模平行運算具備了成功基礎。

2. 大數據在提升人工智慧尤其是機器學習水準方面爆發出強大的能量，而機器學習在人工智慧中扮演著核心角色，是電腦擁有智慧的基礎，呈現爆發式成長的全球大量資料無疑為人工智慧走向成熟提供了強大推力。

3. 深度學習技術的持續發展與應用，以及類人腦晶片的研究，為人工智慧可以超越人類水準提供了有效的實現途徑。

2.1.3
人工智慧產業的發展及應用

21 世紀以來，人工智慧的迅速發展使其再次進入公共視野，比如人工智慧中的「深度學習」，能夠做出類似於人腦神經系統的反應，進行學習、分析問題、並就事物發展做出自己的推測與布局。金融風波平息後，西方已開發國家加大了對人工智慧領域發展的投資力度，該領域內的 3D 智慧列印、人腦研究等專案的發展都獲得了顯著成就。

目前人工智慧研究的關注點主要集中在如下兩方面：雲端機器人技術以及人腦仿生運算技術。包括日本、美國在內的多個國家都十分關注雲端機器人的研究與開發，並透過發展相關技術，比如機器人網路系統的運算方法、圖像分析及處理技術、機器人控制系統的開放體系結構等等，促進該領域的發展。

對於人腦仿生運算技術的發展，多建立在「深度學習」的基礎上，該技術的應用，能夠使電腦在某些方面像人類大腦那樣去工作，進行知識學習與總結。目前，IBM 正專注於仿生晶片的開發，如果發展順利，到 2019 年就能推出在各方面與人類大腦工作原理一致的高階技術產品。如今，很多國家都加入到研究團隊中，想要率先掌握發展先機。

目前，以微軟、Google、Facebook、IBM 為代表的實力型科技企業都已經進軍人工智慧產業。不少公司還建設了獨立的人工智慧實驗室。

近年來，很多實力型企業出於為研究人員提供平臺支援的目的，不再將研究資源平臺的使用僅限於公司內部。舉例來說，Google 於 2015 年推出新型機器學習平臺——TensorFlow，用來分析資料資源並實現價值挖掘，全球所有國家和地區的研究者及科技人士都有使用權。

Facebook 的專業研究機構利用機器學習技術，開發出與人工神經網路系統配套的平臺，並向外界研究者提供平臺介面。與此同時，該公司還將與神經網路研究相關的伺服器介面提供給廣大研究者。另外，IBM 公司為了方便研究者使用專業演算法解決關於矩陣分解、描述性分析等相關問題，向外界提供機器學習平臺 SystemML 的介面。還有一個典型代表是亞馬遜，該公司為研究者提供機器學習服務 Amazon Machine Learning，供研究人員查詢以往資料資訊，據此推斷事物未來的發展趨勢。

人工智慧的蓬勃發展既能使人類從中受益，也讓人類面臨潛在危機。史蒂芬·霍金（Stephen Hawking）認為，等到人工智慧具備獨立意識之後，很可能實現自身系統構造的升級與完善，屆時，這些機器系統的能力將超越人類。霍金與美國電腦工程師史蒂夫·沃茲尼克（Steve Wozniak）、伊隆·馬斯克等菁英人士聯名發表公開信，希望相關部門停止開發人工智慧武器，防止出現大規模軍備競賽，導致整個世界陷入危機。知名企業家及學者雷蒙·庫茲維爾認為，在本世紀中期以前，人工智慧就有可能超越人類，如今，庫茲維爾擔任「奇點大學」的校長，探索能夠解決未來全人類危機的完善方案。

另一方面，人工智慧的普遍應用，可能對人們的就業帶來龐大壓力。伴隨著人工智慧的發展，將有大批勞動力密集型職位的工作由機器人來完

成，若技術水準達到一定程度，很多偏向服務甚至知識類的工作任務也將交給機器人。根據美國美林銀行的推測，伴隨著人工智慧的普遍應用，英國會有 35% 的人力工作轉換為機器操作，美國的此項指標將比英國還要高出 12 個百分點。

不過，也有相當一部分人更看重人工智慧帶來的益處。在他們看來，不管人工智慧的應用範圍多麼廣泛，人類所富有的同情心、理性分析能力、創新思維等等，都是機器人無法替代的，而且，根據華盛頓皮尤研究中心的統計，超過一半的專家認為，人工智慧的發展催生的新職位，將超出由人工轉化為機器操作的職位數量。

隨著以美國、日本、德國為代表的已開發國家掀起新一輪製造業升級革命，人工智慧硬體平臺將迎來爆發式成長期。人工智慧產品可以分為智慧硬體平臺及軟體整合平臺兩種類型。2015 年全球人工智慧市場銷售的產品中智慧硬體平臺產品占據的市場占比為 62.6%。

為了搶灘登陸人工智慧市場，歐盟推出「人腦工程」、美國提出「國家機器人計畫」、日本公布「新產業結構藍圖」。從企業角度上看，美國的 Google、微軟、英特爾等網際網路大廠，日本的發那科、德國庫卡等工業機器人生產商都在積極進軍人工智慧領域。

以美國人工智慧產業的發展為例，IT 領域的大廠企業在人工智慧方面的投入不斷增加，主要表現之一就是人才投入的增加。目前，各大廠企業在蒐羅人工智慧領域人才方面可謂是無所不用其極。

2013 年，Google 收購 DNNresearch，聘請深度學習技術的發明者 Geoffrey Hinton 教授；再來是 Facebook 成立人工智慧實驗室，聘請 Yann LeCun 教授（卷積神經網路研究者）為負責人。

除了人才投入之外，人工智慧領域的資金投入也呈現出了前所未有的

成長之勢。據調查發現，從 2009 年開始，人工智慧領域的投資就有了大幅成長，吸引的投資總額超過 170 億美元；2013 年以來，雅虎、領英等企業都加入了收購人工智慧公司的行列；僅 2015 年全年，獲投資的涉及人工智慧技術的企業有 322 家，其融資總額達到了 20 億美元。據統計，從 2011 年至 2015 年，人工智慧領域的融資速率以每年 62% 的速度成長，未來，這一成長速率只會加快，不會變緩。

　　整體來看，美國與日本，無論是在人工智慧技術，還是在投資力度上都領先於其他國家，在這場以人工智慧為核心的產業革命中，二者已經占據優勢地位。

2.2
網際網路＋人工智慧：驅動國家發展的新引擎

2.2.1
風口：製造業轉型升級的新引擎

　　在新一輪產業革命發展程序中，人工智慧發揮著重要的推動作用。目前，人工智慧發展與國際先進水準雖然還有一定的差距，但在新工業革命發展中也占據優勢地位。而網際網路技術水準的不斷提高為人工智慧的發展及應用提供了便利條件。

　　在此大背景下，研究者應該更加專注於人工智慧的研究，擴大其應用範圍，實現人工智慧在機器人、智慧家居、智慧汽車等領域的切實應用，加強對人工智慧相關企業的支持，注重專業人才團隊的建設，逐步建設成完整的生態體系，實現系統內部各個環節之間的協同配合，帶動其發展的積極性。

　　在人工智慧迅速崛起的今天，應抓住時機，透過人工智慧技術的應用，促成產業的轉型與升級，提高整體經濟發展的智慧化與現代化水準。

◆人工智慧是新工業革命的基礎

　　人工智慧是電腦科學的組成部分，是對人類智慧的拓展及延伸，其中既包括理論分析、技術研究與開發，也包括具體應用與實踐，涉及業內人士所熟知的機器人系統、自然語言處理系統、語音及圖像處理系統等的研究與開發。人工智慧技術與能源技術、空間技術並稱為「20 世紀世界三大尖端科技」，並成功躋身「21 世紀三大尖端技術」（其他兩項分別為奈米

科學、基因工程）。如今，人工智慧作為人類科學的先鋒代表，其發展成為科學研究領域中眾人矚目的焦點。

人工智慧的理論研究可追溯到上世紀中期，自誕生之後，該領域的發展並非一帆風順，而是在跌宕起伏中前進。自 1950 年代後至 1960 年代，該領域的發展集中在運用現有邏輯進行推理，從而為某些問題提供解決方案，典型案例是在棋類博弈中的運用。但是，這個階段的人工智慧技術在實用性方面的能力較差，無法應對現實生活中出現的挑戰，其發展也遇到瓶頸。

1980 年代，人工智慧再次進入快速發展階段。在這期間，研究者推出「專家系統」，該系統可學習並掌握豐富的專業知識，並將理論轉化成實踐。另外，人工智慧研究在推理演算、設計語言等方面的發展也有明顯進步。但是，到 1990 年代中期，大部分人工智慧研究計畫都因實用性不高、推理效果不理想等問題而擱淺，人工智慧領域的發展面臨嚴峻挑戰。

到 1990 年代後期，人工智慧領域的發展又出現新的曙光。伴隨著網際網路、搜尋引擎的誕生及興起，人工智慧技術可在分析資料資源的基礎上進行自動化學習，之後推出的「深度學習」系統類似於大腦的神經系統，可以獨立學習與總結知識。此次突破式發展進一步推動了人工智慧的迅速發展。

◆「網際網路＋」帶動人工智慧技術實現突破

目前，人工智慧技術的發展水準與西方國家之間雖有差距，但經過一段時間的鑽研，研究者在語音辨識、影像追蹤及辨識方面都獲得了顯著成就，基本可代表世界先進水準。如今，中文資訊處理、服務機器人、語音及文字辨識、無人駕駛汽車、自動化監控及資訊處理等多個項目皆有進展，並將這些技術應用到產業發展過程當中。

　　不僅是實力雄厚的網路企業，還有很多初創企業也瞄準了人工智慧領域，將視覺辨識、語音辨識、服務機器人、工業機器人等作為自己的研究及開發專案。

2.2.2
政策：人工智慧升級為國家策略

　　若一個國家在人工智慧專業人才資源方面存在短板，要想在人工智慧領域獲得突破性進展，就必須解決這個瓶頸問題。另外，人工智慧產業還須解決在大型智慧系統、技術工業、平臺化營運等方面出現的相關問題。

　　目前，眾多產業正在進行轉型升級。從整體上而言，經濟成長已經由傳統模式下偏向規模擴張，轉為更加注重品質及效率的提高。因此對企業發展提出新的要求，既要在產品銷售方面做出努力，還要最佳化庫存結構，加強成本控制，實現優質供給，促進全社會的資源最佳化配置。所以，企業須及時轉變發展方式，發揮創新思維，為自身發展開闢新的道路。

　　新一輪人工智慧浪潮的出現，為眾多領域的改革帶來新的機遇。具體而言，在從「製造」向「智造」轉型的過程中，在傳統模式下憑藉低成本獲得的競爭地位已經朝不保夕。從企業發展的角度來說，要想使自身發展符合新時代的需求，就要充分發揮新技術的推動作用。

　　如今，很多傳統企業都在經歷轉型階段，企業須趁機掌握人工智慧迅速發展的良好機遇，在該領域率先展開布局，學會借鑑及使用大型公司在人工智慧領域獲得的成果，掌握該領域發展的即時動態，不斷壯大自身的核心技術力量。

　　從政府相關部門的角度來說，他們應該為小規模企業的發展提供各項

支援，幫助他們進行趨勢分析，同時，發表相應的政策，促進相關法律體系的完善，幫助企業解決資金問題等等。促使人工智慧向產業化方向發展，逐步建設成完善的產業鏈體系。

國家相關部門應該主動承擔起促進新技術研發及應用的責任。透過對前兩次工業革命的分析不難發現，在發展的初期階段，個人與企業確實發揮著主導作用，但隨著進一步發展，政府的引導作用愈加明顯。

伴隨著人工智慧技術的發展，眾多企業會將其作為競爭焦點，而該技術的發展離不開大量的資金支援，僅靠企業或個人的力量難以實現，這個時候，政府部門就應該發揮其支援作用。在具體發展過程中，政府可透過發表相關政策，並幫助企業解決資金短缺問題來促進人工智慧企業的發展。

與此同時，當人工智慧處在基礎研究階段時，就要加速政策制定與發表，打造專業研發基地，為研究者提供開放性服務平臺及大量的資訊資源。另外，還可與大學及科學研究機構達成合作關係，注重專業人才的培養，如果條件允許，可在大學內部設立人工智慧學院，或者直接設立專業科學研究機構等等。

在注重獨立研發及生產的同時，也不能忽視對國外技術的引進及改造。儘管西方國家的相關企業擁有人工智慧相關的許多領先技術應用，美國一些科技型企業更是掌握不少技術優勢，但這些國家在產品製造成本及市場行銷方面並不占優勢。

製造業大國能夠彌補這些企業的短板。因此，要對處於人工智慧發展前端的企業給予資金、資源上的支援，鼓勵他們學習國外的先進技術，並進行改造，進入產品生產環節，充分發揮製造方面的優勢力量，從整體上提高在人工智慧發展方面的競爭力。

綜上所述，人工智慧在接下來的 20 多年中，將進入迅速發展時期。隨著技術水準的不斷提高，其應用範圍也將進一步拓寬，對人們的日常生活、工作等諸多方面產生影響，同時，還將促進一批新興產業的發展，在全世界掀起一場革命。國家相關部門應發揮自身的協調能力，充分帶動各方力量，實現資源整合，為人工智慧的發展提供足夠的支援。

2.2.3
前景：人工智慧產業的發展前景

透過從未來發展空間、產業成長速度、產業投資報酬率、產業成熟度及應用場景拓展廣度四大考核指標，可以對人工智慧幾大細分領域的發展前景進行分析：

從未來發展空間及產業成長速度角度看，機器學習、圖像辨識及智慧機器人是市場空間較大、發展速度較快的三個細分領域。市調公司 Tractica 指出，雖然 2015 年機器學習市場規模僅為 1.09 億美元，但未來它將以超過 60% 的年均複合成長率保持高速成長，預計到 2024 年，市場規模將達到上百億美元。

而市場規模已經相對較大的圖像辨識領域的發展前景同樣十分光明。2014 年圖像辨識市場規模為 57 億美元，在未來 5 年內，將以 42% 的年均複合成長率保持快速成長，到 2019 年時，其市場規模將達到 333 億美元。

隨著智慧機器人應用範圍的不斷拓展，全球智慧機器人市場有望迎來快速成長期。全球第二大市場研究公司 MarketsandMarkets 公布的資料顯示，機器人市場規模將以 20% 的年均複合成長率保持快速成長，2020 年將達到 80 億美元。如果單從軟體來看，機器人市場中的軟體市場規模年均複合成長率將達到 30%。

從投資報酬率及產業成熟度角度看，上述三個細分領域的發展前景仍較為領先。顯而易見，風投機構熱衷於將資金投入那些投資報酬率較高的新興業態，透過對人工智慧幾大細分領域的融資情況可以很好的反應出它們的投資報酬率。

Venture Scanner 公布的統計資料顯示，從總融資額度、企業平均融資額度兩個指標看，機器學習都高居榜首；圖像辨識的總融資額度及企業平均融資額度位列第二；由於智慧機器人領域的企業數量相對較少，雖然其總融資額處於劣勢，但它以 1,400 萬美元的企業平均融資額度在該項排行榜中排名第三。

從各個細分領域的企業成立時間來看，這三個細分領域的企業平均年齡較小，各方面的發展仍存在較大的提升空間，未來一段時間內，將成為人工智慧市場向前發展的強大推力。

從應用場景拓展廣度角度上看，除了上面三個細分領域發展前景較為良好外，自然語言辨識也有望迎來快速發展期。機器學習技術在媒體、消費、廣告領域有著較為廣泛的應用，未來將會向金融、教育、加工製造、生物製藥等領域快速拓展。圖像辨識技術在體育、娛樂、安防、無人駕駛、工業製造等方面應用十分普遍，未來幾年內還將向智慧機器人研發及生產方向發展。

自然語言辨識目前在智慧家居、物聯網、可穿戴裝置等領域已經有所應用，未來將會在服務機器人研發領域創造出龐大的價值。當然，由於同種語言不同口音、背景噪音、同音異形等問題的存在，自然語音辨識的發展受到一定的阻礙。

隨著智慧機器人技術及功能研究的不斷深入，未來它還將在農業、工業、醫療保健、航太、救災等領域源源不斷的為人類創造價值。

綜上所述，機器學習、圖像辨識及智慧機器人是人工智慧產業鏈中具備良好發展前景的幾大領域。

整體而言，人工智慧未來應用前景非常廣闊，對於製造業來說是一次轉型升級的重大機遇。然而目前情況下，人工智慧依然面臨一些技術性難題，主要表現為以下三個方面（如圖 2-5 所示）：

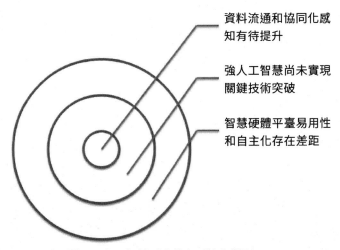

資料流通和協同化感知有待提升

強人工智慧尚未實現關鍵技術突破

智慧硬體平臺易用性和自主化存在差距

圖 2-5 人工智慧面臨的主要技術難題

（1）資料流通和協同化感知有待提升

在基礎設施層方面，模擬人體感官功能的諸多感測器沒有實現高度整合、能夠進行統一感知協同的控制系統，這就導致感測器即使蒐集到了大量的資料，也不能進行統一的處理、分析及應用。

要想真正解決這一問題，需要在軟體整合及類腦晶片研發方面獲得實質性突破。軟體整合乃是人工智慧不斷向前發展的重要基礎，而根據人工智慧演算法設計出的類腦化晶片，則是人工智慧產品得以高效能精準的提供各種服務的核心所在。

（2）強人工智慧尚未實現關鍵技術突破

在強人工智慧的技術研發方面，如今的研究仍處於探索期，像情緒感知、人工意識這種高等級的智慧技術仍停留在理論階段。在這一方面獲得突破的關鍵點在於腦科學研究領域，即透過研究人類大腦的演化程序、如何對身體實現控制等，賦予人工智慧產品真正的分析理解能力。

（3）智慧硬體平臺易用性和自主化存在差距

在應用層的智慧硬體平臺方面，由於人工智慧技術仍處於初級發展階段，企業開發出的服務機器人對不同環境的適應能力、智力水準及感知系統仍存在一定的缺陷，這就使得服務機器人很難能夠像正常人一樣進行推理、分析及學習。

要在這一方面獲得突破關鍵在於智慧無人裝置領域。目前，不僅傳統汽車製造商在積極布局無人駕駛汽車，Google 等網際網路大廠同樣在積極探索相關技術及軟硬體裝置。另一種典型的智慧型無人裝置 —— 無人機，也即將迎來爆發式成長期，擁有智慧追蹤、躲避障礙的智慧型無人機的出現，極大的提升了無人機產品的應用前景。

2.3
AI 生態圈：人工智慧產業的技術架構與實現路徑

2.3.1
萬物互聯：人工智慧的技術架構

隨著網際網路、行動網際網路的發展及普及應用，我們正在向「萬物互聯」時代邁進。在「萬物互聯」時代，受技術條件的影響，一些能夠順應時代發展的新的應用模式及商業模式還沒被催生出來。為解決這個問題，新一輪的技術革命風潮 —— 人工智慧已經誕生，在未來的時間裡，這個風潮將推動 IT 產業得以更好的發展。

那麼人工智慧到底是什麼呢？具體來說，人工智慧是電腦科學的一個分支，其目的是生產一種能夠模擬人類智慧的智慧機器。在過去，很多複雜任務只能依靠人類智慧完成。現如今，依靠人工智慧也可以解決這些複雜問題，完成很多複雜任務。

在 1980 ～ 1990 年代，受硬體能力不足、發展道路偏差、演算法缺陷等因素的影響，人工智慧技術的發展曾一度陷入低谷。近年來，在大數據、大規模平行運算、人腦晶片、深度學習演算法等技術的推動下，人工智慧逐漸走出低潮，開始朝著良好的方向發展（如圖 2-6 所示）。再加之國際 IT 大廠在人工智慧方面的大力投入，為人工智慧的發展打造了一個絕佳的外部環境。現如今，人工智慧的細分領域（自然語言處理、規劃決策、電腦視覺等）有了很大發展，諸多產品和應用程式均已出現。

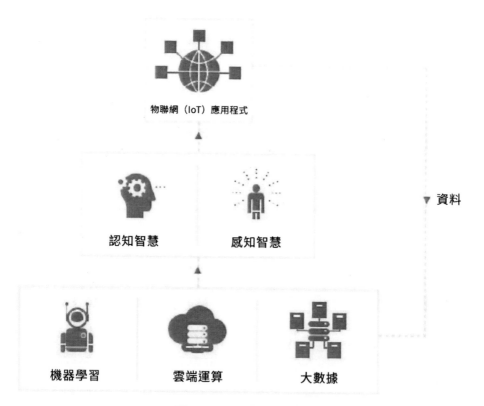

圖 2-6 人工智慧的基礎架構

受技術條件的影響，在未來的 5 ～ 10 年間，人工智慧應用的發展方向是專用領域的智慧化。隨著相關技術的發展，通用領域的智慧化也將得以實現。但不管是專用領域的智慧化，還是通用領域的智慧化，人工智慧的發展都將以「基礎資源支援（基礎層面）」、「人工智慧技術（技術層面）」、「人工智慧應用（應用層面）」三層架構為核心來建構生態圈（如圖 2-7 所示）。

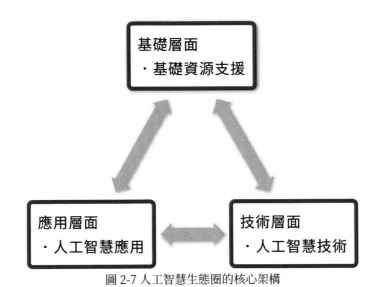

圖 2-7 人工智慧生態圈的核心架構

　　在專用領域智慧化發展的過程中，眾企業都在試圖打通三層架構。以蘋果為代表的企業在自上而下努力，以 Google 為代表的企業在自下而上發展，由此形成了競爭化的產業格局，使得整個產業呈現出了野蠻生長的狀況。在該階段，最具有投資潛力的是人工智慧企業，因為就目前的形勢而言，將其放在任何一個層面都具有比較大的發展潛力。

　　在通用領域智慧化發展階段，除了人工智慧技術能直接用於某些領域之外，人工智慧還將對生活服務、零售、醫療、工業、農業、數位行銷等各行各業產生顛覆性的影響，並將引領新一輪的 IT 投資熱潮。

　　隨著網際網路資訊化革命的深化推進，人工智慧也步入發展轉折點。不過，人工智慧是涉及到多種高新技術的複雜性系統性工程，因此其發展也非能夠一步到位，而是將經歷從點到面、從專用領域到通用領域的漸進過程。當前來看，人工智慧技術在很多專用領域已經獲得了突破發展，但通用領域的實現還有待各方面的進一步沉澱。

以電腦視覺應用為例。普通成年人可以很輕鬆的辨識出照片或影片中的各種人、物和場景，但這一點對於電腦來說還十分困難。因為辨識是一個基於識別模型進行特徵抽取從而實現區分的過程，若要電腦做到通用辨識，則首先需要將與世間萬物一一對應的識別模型輸入其中，這顯然是一個龐大的工程。

另一方面，即使是同一事物也常常由於不同場景中光線、角度、距離等方面的差異而表現出不同的樣態，這使建立識別模型變得更為複雜。雖然新一輪資訊革命推動下電腦的運算能力獲得了驚人突破，但還遠遠無法達到人腦視覺中樞的水準，因此短期內電腦很難實現智慧通用辨識。

2.3.2
基礎層面：儲存運算與資料探勘

AI 的發展離不開超強的資料儲存和運算處理能力，基礎資源支援層則可以透過包含 GPU 和 CPU 平行運算的雲端運算資源池（超級運算平臺）的大規模布局滿足 AI 的這一訴求，同時以擁有大量資訊的大數據工廠作為資料集，從而為 AI 技術層的實現提供堅實基礎。

◆超級運算平臺負責儲存與運算

AI 的目標是讓機器擁有與人類智慧相似的處理能力，其得以實現的基礎就是智慧機器擁有像人腦那樣龐大的儲存能力。因為人類的任何關聯、決策和創造行為都是在現有記憶的基礎上展開的，而構成記憶的基礎正是擁有強大儲存能力的腦容量。

在這方面，隨著大量資料資訊的不斷累積沉澱，智慧機器最終將形成堪比人類「記憶」的「儲存」。

除了資訊「記憶」方面的儲存容量之外，AI 的第二個基礎性硬實力是資料資訊的運算處理，包括伺服器規模和特徵向量大小兩個方面。特徵向量是指將文字、圖像、語音、影片等內容轉換成機器能夠「理解」的一連串關鍵資料，資料越多，機器就越容易學習，但伺服器的壓力也會越大。可見，運算處理能力中伺服器技術是關鍵，影響著特徵向量的大小。

有一家公司正是得益於自身超強的伺服器技術，才能在短短兩年內將特徵向量從 10 萬直接躍遷到 200 億。同時，特徵向量的提升不僅是資料的增加，還涉及到如何避免大規模 GPU 和 CPU 平行運算所產生的錯誤率的提高以及增強散熱能力等問題。可見，人工智慧領域的一個重要準入門檻是企業能否打造出具有強大儲存和運算處理能力的超級運算平臺。

◆ **資料工廠實現分類與關聯**

資料工廠是對儲存的資料進行基礎性加工，這種加工相當於人腦中的記憶關聯過程，是發展人工智慧技術不可或缺的基礎能力。在人類的記憶聯想模式中，當需要調取某一部分記憶時，人們會很自然的首先想到某個關聯詞彙、畫面或音樂等，然後將其與其他詞彙或某個場景建立起動態關聯，從而記起需要調取的內容。

不過，智慧機器顯然不具備人類大腦的神經連線結構，無法像人類那樣去檢索儲存在硬碟上的資料資訊。機器並不具備分類的概念，在尋找某個資料時必須一個個存取過去。每一個詞的定義都是一個庫，同時這個庫中的每一個詞又都各自構成庫，資料工廠的搜尋演算法就是對大量資料進行管理，建立索引，然後透過搜尋技術將使用者語言轉換成機器能夠理解的、儲存在硬碟上的資料資訊，從而形成與人腦記憶關聯類似的過程。

可見，人工智慧企業的另一個重要準入門檻是能夠透過資料探勘與搜尋演算法對資料工廠中的知識庫和資訊庫實現分類與關聯。

2.3.3

技術層面：基於場景的智慧技術

　　AI 中間技術層的主要任務是以底層運算儲存資源和大數據運算能力為依託，透過機器學習建模，開發出語音辨識、語義辨識、圖像辨識等針對特定場景的智慧應用技術。技術層的運作機制類似於人類的思考過程，是以機器學習技術的應用為核心，從感知到思考再到決策、執行乃至創造：

▶ **第一步**：感知環節，透過感測器、搜尋引擎和人機互動獲取建模資料，實現人、資訊和物理世界的連線，類似於人類思考的感知過程。

▶ **第二步**：以基礎層的超強儲存和運算能力為依託，對感知到的資料進行建模運算，相當於人類的思考過程。

▶ **第三步**：應用層基於資料擬合出的模型結果，對產品和服務端發出指令，使機器人、無人機、3D 列印等各種人工智慧裝置能夠對使用者需求進行智慧化回應。

　　人工智慧技術發展的瓶頸是思考環節中運算儲存和建模能力不足，這導致其難以達到與人類接近的「智慧」水準。不過，當前的運算儲存和建模能力完全可以支撐語音辨識、圖像辨識、知識圖譜等多種 AI 技術在特定場景中的應用。此外，在具體應用場景中，最佳化演算法、提高背景知識庫資料集的準確度等方式也可以在不增加運算資源的情況下實現更好的應用效果。

　　這些都為眾多布局 AI 專用領域的公司帶來了極大的市場想像空間。當前，專用領域人工智慧的商業化應用正吸引著越來越多的參與布局者（如圖 2-10 所示），發展快速：科技大廠與產業新貴處在同一起跑線，產業格局趨向分散，先入局者將擁有較大的先發優勢。在資料、演算法、雲

端運算資源等關鍵要素中，先入局者需要在資料獲取和演算法最佳化方面著重布局，以便在專用領域的特定場景下快速實現 AI 的商業化應用，提前搶占更多市場。

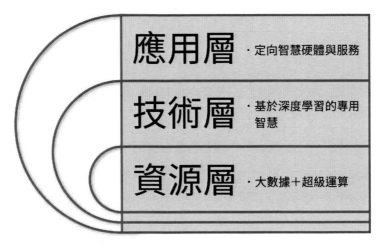

圖 2-10 專用智慧階段的人工智慧產業格局

2.3.4
應用層面：智慧產品與服務湧現

專用智慧應用的發展深化將推動終端產品和服務智慧化水準的提升。同時，智慧產品和服務只有以多種不同的 AI 技術為支撐，才能更好的滿足使用者需求。下面以 Google 的無人駕駛汽車、Nest 的智慧溫控為例進行分析。

無人駕駛應用是以電腦視覺技術為支撐的，需要汽車在行駛過程中準確感知路況變化並及時做出相應決策。Google 的無人駕駛汽車配置了雷射測距系統、車道保持系統、GPS 慣性導航系統、車輪角度編碼器等多種智慧裝置，能夠將收集到的資料即時轉化成前方路況的立體圖像，並藉助電腦視覺技術及時發現行駛過程中的可能風險。

　　Nest 公司在智慧溫控領域的成功則是以深度學習技術為支撐的。比如，Nest 的溫控系統配置了六個感測器，能夠不間斷的對溫度、溼度、環境光和裝置周邊進行監控，以透過不斷觀測和學習掌握使用者所習慣的最舒適的室內溫度，實現對室溫的動態調節；同時還可以透過感測器判斷房間中是否有人，以便在無人時自動關閉溫控裝置，節約資源。

　　Nest 的調溫器具備強大的深度學習和運算能力，能夠基於一定的資料累積學會自動調溫。使用者在使用 Nest 調溫器的第一週，可以根據自己的習慣調節室內溫度，在這一過程中，Nest 調溫器將記憶並學習使用者的使用習慣和偏愛的室內溫度，之後便能夠按照使用者喜好實現自動控溫。

　　Nest 還能夠透過 Wi-Fi 和相關應用程式實現室內與室外溫度的即時同步，並藉助內建的溼度感測器實時調節空調和新風系統的氣流狀態，從而為使用者提供更舒適的居室環境。另外，當動作感測器感知到使用者外出時，Nest 調溫器便會啟用「外出模式」，自動關閉溫控裝置，節約資源。

　　從上述案例可以看出，只有以足夠強勁的 AI 技術為依託，智慧產品和服務才能真正擊中使用者痛點，充分滿足使用者需求。這也是當前市場中很多智慧硬體產品無法受到使用者青睞的主要原因 —— 由於缺乏人工智慧技術的有力支撐，當前以智慧手環為代表的可穿戴裝置、以智慧機上盒為代表的智慧家居裝置等智慧產品，只是簡單的在功能性的電子產品中嵌入了聯網和資料蒐集功能，只能算是「偽智慧」產品。

　　真正的智慧產品和服務必須立基於堅實的 AI 技術之上，比如 Nest 溫控裝置或者更先進的智慧產品和服務便是 AI 具體應用層的典型。當前來看，AI 應用層中智慧產品和服務產業鏈中較有代表性的策略布局像是 Google 等網際網路科技大廠從 AI 技術切入全面打造人工智慧生態圈。

第 3 章
產業風口：全球網際網路大廠的 AI 策略布局

3.1
百度：驅動人工智慧「爆發臨界點」的到來

3.1.1
百度在人工智慧領域的策略布局

中國的百度是靠搜尋逐漸發展壯大起來的網際網路公司，依靠強大的搜尋引擎技術在網際網路領域建立了自己的優勢地位。而今在人工智慧產業逐漸興起之際，百度也憑藉自身的優勢成功躋身人工智慧領域。

有專家認為，當今的搜尋引擎就是未來人工智慧的雛形，在搜尋引擎本身累積的使用者以及資料的基礎上，運用雲端服務、深度學習等技術，從傳統網際網路搜尋進化到人工智慧高階形態將有可能成為現實。

百度的首席科學家 Andrew Ng（吳恩達）也曾經提到過人工智慧的正循環：在成功開發出深度學習演算法之後，大量的資料不再是煩惱而是一種有力的武器，能有效提升和改善圖像搜尋、語音辨識等網際網路服務，從而吸引更多的使用者，產生更多的資料。

百度帶著身為技術公司特有的敏感性和前瞻性的特徵在人工智慧領域展開了積極的布局，邁出了百度走向未來人工智慧的第一步。

◆引進 Andrew Ng 及組建北美研究院

2014 年 5 月，在人工智慧和機器學習領域享有國際聲譽的學者 Andrew Ng 進入百度，負責領導北美研究中心。與傳統互聯業務相比，人工智慧有相對較高的技術門檻，因此引進相關的技術人才成為了百度在人工智慧領域的首要任務。

Andrew Ng 的加盟為百度解了燃眉之急，由其所領導的北美研究中心為百度招攬更多人工智慧領域的高精尖人才，透過組建強大的技術團隊，為百度的人工智慧發展提供堅實的技術後盾。

◆ 大數據累積和平臺開放

大數據是發展人工智慧的重要基礎，而百度在大數據獲取以及挖掘方面有天然的優勢。

除了累積和挖掘資料之外，百度還加快了開放大數據平臺的步伐。2014 年 4 月，百度發表了大數據引擎，推出了大數據儲存、分析和挖掘技術，並在醫療、交通和金融領域實現具體應用。

2014 年 7 月，百度運用大數據技術成功預測了 14 場世界盃比賽的結果，領先微軟和高盛。同年 9 月，百度對外正式發表了集合大數據、百度地圖 LBS 的智慧商業平臺，順應了行動網際網路時代發展的大潮，能夠為各個產業提供有效的大數據解決方案。

◆ 語音辨識和圖像辨識

Andrew Ng 與其研發團隊於 2014 年底開發出一種新的語音辨識技術 —— DeepSpeech，這款語音辨識系統在嘈雜的環境下辨識準確率可以達到 81% 左右。卡內基美隆大學工程學助理研究教授 Ian Lane 甚至預言這一技術對未來語音辨識技術的應用效果將產生顛覆性的影響。

該款語音辨識系統用深度學習演算法取代了原有的模型，使用遞迴神經網路或模擬神經元陣列進行訓練，從而讓語音辨識系統更加簡單。在這套系統中還應用了由 Nvidia 等晶片製造商生產的多枚圖形處理器（GPU），這些圖形處理器透過並行連線，可以大大提升對語音識別模型的訓練速度，從而提高工作效率。

在圖像辨識方面，鏡頭將在連線人與世界資訊方面發揮重要的作用，百度也在不斷利用深度學習技術提高圖像辨識的精度。2014 年 9 月，借鑑百度深度學習研究院開發的人臉辨識和檢索技術，百度雲推出了雲端圖像辨識功能。11 月，百度發表了「智慧讀圖」，可以利用一種類似於人腦的思考方式辨識圖片中的物體等。

◆人工智慧演算法和雲端運算

百度正在推進的「百度大腦」的專案不僅需要人工智慧演算法的支援，同時也需要雲端運算中心在硬體方面的支援。百度大腦利用電腦技術模擬人腦，參數規模已經達到了百億級，打造了世界上最大規模的深度神經網路。

百度在中國已經建立了十幾座雲端運算中心，投入使用了 4 萬兆交換機，在技術和儲存上為人工智慧提供了重要的支援。百度是世界上第一個在人工智慧和深度學習領域應用 GPU，並且推動商用 ARM 伺服器實現規模化的公司。這些技術透過整合，構成了百度強大的儲存運算能力，不僅可以支援多樣的平行運算，同時也可以針對不同應用和場景生成、配置相應的網路結構，保證人工智慧發展在硬體上的需求。

◆自動駕駛專案

2014 年 9 月，百度與 BMW 簽署合作協議，雙方將攜手共同研發自動化駕駛技術，BMW 的車輛導航系統將融入百度的 3D 地圖以及資料服務，在自動駕駛汽車方面，百度將充分發揮自己掌握的技術優勢。雙方將共同應對高度自動化駕駛在中國道路環境上出現的技術門檻，運用智慧技術提高自動化駕駛的安全性。

百度在人工智慧領域的布局可以用以下三點來概括：

1. 具備策略眼光，與世界科技大廠的發展腳步保持一致。
2. 擁有天然的技術基因，重視對技術人才的引進，注重對人工智慧底層技術的累積和開發。
3. 百度網際網路入口的地位以及多樣化的產品線能夠有效推動人工智慧技術的快速成形，迅速轉變為具體的產品和服務，實現這一技術的廣泛推廣和應用。

3.1.2
百度實驗室：招攬全球科技人才

2014 年 5 月 16 日，百度在矽谷成立了人工智慧實驗室，同時百度在美國成立的新研發中心也開始投入使用。在人工智慧實驗室的落成儀式上，百度宣布由世界頂級人工智慧專家 Andrew Ng 出任百度的首席科學家，領導百度研究院研究人工智慧、大數據等技術。

百度在人工智慧領域招攬世界頂級的科學家，象徵著百度已經與美國科技大廠在技術和人才方面展開了激烈的競爭。同時還有人將這一事件視為中國公司在世界頂端創新領域與美國大廠爭奪主導地位的重要象徵。

◆搶占人工智慧有利位置

人工智慧似乎已經成了各種科幻大片的標準配備，各種模擬人類思維的智慧機器在影片中大出風頭，而這種智慧機器的存在也被視為是電腦科學發展的制高點。網際網路的推廣應用已經讓傳統資訊處理理論和方法面臨重大的危機，而人工智慧技術的應用將會為資訊處理帶來創新性的發展，為網際網路的發展提供重要的支援。

人工智慧研究領域技術門檻高、投入大，因此，只有真正有實力的網

際網路大廠才有能力進入這一領域。而隨著人們對人工智慧給網際網路帶來的改變有了更加明確的認知，越來越多的大型公司開始成為了這一領域的追求者，希望能在網際網路未來技術領域掌握更多的話語權。

百度作為人工智慧領域的率先入局者，已經在這一領域搶占了有利地形。百度已經建構了世界上規模最大的深度神經網路 —— 百度大腦，其已經能夠達到 2 ～ 3 歲幼兒的智力水準。而百度對「百度大腦」未來的發展也充滿了信心，隨著電腦軟硬體技術的進步以及成本的下降，再過 20 年，伺服器就可以模擬 10 ～ 20 歲的人類智力。

◆與 Google、Facebook 爭奪人才

最好的研究離不開最好的人才，因此百度非常注重對優秀人才的引進，「找最優秀的人」甚至已經排在了其人才理念中的第一位。在百度的前瞻性技術研究正入佳境之際，擺在它面前的問題是缺乏一個能夠統領全局的「首席科學家」。

近幾年，世界頂尖級的科技公司，比如微軟、Google 等已經意識到了前瞻性技術研究的重要性，並開始大規模投資人工智慧和深度學習領域的研究，憑藉自己強大的實力在技術研究領域招募了眾多的菁英。百度、Google 與 Facebook 在菁英人才的爭奪方面開始暗暗較勁，比如 Google 收購了由多倫多大學教授 Geoffrey Hinton 創立的公司 DNNResearch，Facebook 在 2014 年底聘請了紐約大學人工智慧領域的重要專家 Yuan LeCun 教授，而百度則邀請了在人工智慧和機器學習領域享有較高權威的學者 Andrew Ng 作為自己的首席科學家。

Andrew Ng 在人工智慧領域擁有較高的建樹，他不僅一手打造了「Google Brain」，被世人稱為「Google Brain 之父」，同時在 2013 年《時代》（*TIME*）雜誌的評選中，成為了「影響世界的 100 個人」中的一員。

Andrew Ng 在人工智慧以及深度學習領域有較為深厚的造詣，同時也有成功的研發經驗，而百度可以為其提供全球領先的研究平臺，二者的結合將有效推動人工智慧的發展和應用。百度研究院下設有三大實驗室，包括在矽谷成立的人工智慧實驗室、北京大數據實驗室和深度學習實驗室，在豐富的研究資源以及強大的研發團隊的支援下，百度在人工智慧領域將有機會獲得更大的成就。

3.1.3
國際策略：深耕本土，智驅全球

在以「人工智慧」為主題的 2016 年百度世界大會上，百度正式公布了其人工智慧研究成果 ── 「百度大腦」，並向開發者及企業提供核心能力及底層技術支援。從百度當前的業務體系來看，人工智慧在其中扮演的角色越發關鍵，語音合成、圖像辨識、自然語言處理等技術在提升百度產品附加價值的同時，更有效提升了使用者服務體驗。

百度國際化業務之所以能夠獲得如此良好的效果，相當程度上就是因為人工智慧技術提供了強而有力的支撐。在經濟全球化浪潮的不斷推進下，實施國際化策略是全世界大廠企業的必然選擇，但在實踐過程中，由於貿易保護政策、自身的產品及服務缺乏核心競爭力等方面的問題，導致很多企業的國際化之路走得舉步維艱。

百度的國際化策略可以概括為「深耕本土，智驅全球」，在中國國內獲得成功的優秀產品率先實施國際化，比如百度地圖、內容平臺及廣告服務解決方案等，這些產品將融入更多的人工智慧技術，從而提升自身在海外市場的核心競爭力。

從百度官方公布的資料來看，百度地圖是其國際化業務中最為成功的

產品，預計到 2016 年底，百度地圖將為全球 150 多個國家及地區的使用者提供服務。

在百度地圖走向全球化的過程中，其首先選擇的是針對於使用者在海外市場沒有合適的中文地圖可以使用的痛點，推出百度地圖國際版，而後開始實施本土化策略。據公布的資料顯示，2015 年中國出境遊高達 1.2 億人次，雖然這是一個細分領域，但同樣存在著龐大的想像空間。

海外地區的智慧出行是百度地圖國際化策略的重要一環，而人工智慧技術無疑在其中扮演了核心角色。基於大數據及機器人學習演算法的全球定位技術，百度地圖除了讓廣大使用者使用定位及導航功能外，還可以向使用者展現某一位置的即時場景，店鋪、服務及基礎設施、交通情況等，都可以明確的展示出來。而且隨著使用者資料的不斷累積，這種定位將會更為精準、更為高效能。

百度地圖還融入了機器翻譯技術，大量的使用者資料及場景資料，使百度地圖能夠以自學習的方式提升語言涵蓋範圍，為使用者提供更為優質的地圖服務等提供了強而有力的支援。現階段，百度地圖國際版擁有飯店、餐廳、旅遊景點、城市指南等服務，未來將會為使用者提供完善的本地化生活服務。當然，這需要百度整合大量的優質海外商家資源，以開放型綜合平臺的形式攜手合作夥伴為消費者創造價值。

而在 2015 年舉行的百度世界大會中，百度推出行動廣告平臺 DUADPlatform，廣泛招募全球開發者入駐平臺，並為後者在海外市場進行廣告行銷及價值變現提供支撐。

DUADPlatform 需要強大的人工智慧技術提供支撐，因為百度在海外市場中擁有超過 16 億使用者，為了更為精準高效能的描繪這些目標族群的使用者畫像，必須藉助人工智慧技術。

2015 年百度收購了中國留學生建立的日本原生廣告平臺 Popln，據了解，該平臺能夠根據使用者在閱讀不同新聞時耗費的時間，來分析他們的興趣愛好，從而向其推送符合其需求的原生廣告。自百度將其擁有的推薦引擎技術融入原生廣告平臺 Popln 後，後者的網路廣告點選率成長幅度達到 25%，使其在日本及韓國市場實現了快速崛起。

百度在海外市場的營收也相當可觀，截止到 2016 年 6 月，百度在海外市場中有 4 個國家的營收已經超過了 1 億人民幣，其中在日本及美國市場的營收達到了 2 億人民幣以上。百度表示，現階段百度國際化策略並不是一味的強調價值變現，而是希望百度業務能夠在海外市場建立核心競爭力，贏得更多消費者的認可，並攜手更多的合作夥伴打造完善的生態系統。

百度的國際化策略強調根據海外不同市場的消費需求實施本土化策略，比如，在巴西市場，百度上線了團購業務；在印尼市場，百度則推出了直播業務等。更為關鍵的是，百度並不是將海外布局的策略重點集中到某一個細分領域，而是多點布局，從而有效降低營運風險。這與很多進軍海外市場的企業由於將自身的資源集中到 Facebook、Google 等平臺後，卻由於平臺突然進行規則調整，從而導致自身的海外布局陷入發展困境形成了鮮明對比。

從整體來看，百度實施國際化策略首先選擇出特定的目標市場進行重點布局，累積足夠的經驗後再向其他市場推廣；其次是在不同的國家及地區實施本土化策略，根據當地的消費需求推出合適的產品及產品；最後是將中國國內獲得成功的優秀產品及服務推廣至海外市場，透過自身在人工智慧技術方面的領先優勢贏得海外使用者及客戶的認可。

作為一家有著濃厚技術基因的科技企業，百度向來注重將技術優勢轉

化為商家價值，而這也是百度國際化策略的核心驅動力。百度將人工智慧
技術作為布局海外業務的關鍵點，透過為海外使用者提供優質的智慧產品
及服務提升自身的品牌影響力，爭取在人工智慧時代即將來臨之際奪得
先機。

3.2
阿里巴巴：建構人工智慧時代的成長新引擎

3.2.1
阿里小蜜：人工智慧重構傳統客服

　　早在 1956 年，人工智慧的概念就已經誕生了，經過 60 餘年的發展，人工智慧獲得了引人注目的成績。2016 年年初 Google AlphaGo 和世界圍棋冠軍李世乭的人機大戰備受關注，將人工智慧再次推向了熱潮。目前，以 Google、聯想、英特爾、IBM、阿里巴巴等為代表的公司都在致力於人工智慧的研究，其中阿里巴巴對人工智慧的研究與應用已涵蓋到客服、電商、金融、交通等各大領域。

◆ 人工智慧三大基礎：資料、運算能力、演算法

▶ **資料**。隨著大數據時代的來臨，任何一項活動都有可能產生大量的資料，這些資料的來源不一、類型繁瑣，能更加真切的描述現實生活。同時，這些資料之間的關聯具有多層次性，藉助深度學習演算法能使資料間的這種關聯得以深入挖掘，為人工智慧的應用奠定扎實的基礎。

▶ **運算能力**。在過去的時間裡，人工智慧之所以遲遲得不到發展，其關鍵原因在於運算能力不足。在過去，科學家研究人工智慧遇到運算問題時只能使用單機解決，單機運算需要剪裁資料樣本，將資料放在一臺電腦中建模，在相當程度上影響了模型的準確性。現如今，分散式運算能力有了很大的發展，在雲端運算平臺上，能夠藉助許多機器進行運算。再加之 GPU 的發展，運算能力大幅提升，為人工智慧的成功提供了無限的可能。

▶ **演算法**。人工智慧的研究對深度學習演算法有很強的依賴。深度學習是機器學習的一個分支，旨在建立、模擬人腦學習的神經網路，透過模擬人腦機制來對聲音、圖像等資料進行處理。深度學習演算法為人工智慧與商業的結合帶來了可能，為人工智慧的廣泛應用提供了助力。

總而言之，人工智慧應用的成功，離不開資料、運算能力和演算法這三大條件（如圖 3-1 所示），缺失其中任何一種，人工智慧就沒有辦法落實，更不能在各行各業中得以廣泛應用。

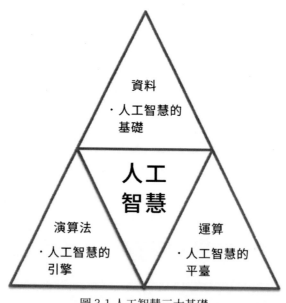

圖 3-1 人工智慧三大基礎

關於人工智慧技術的研發和應用，阿里巴巴投入了大量的人力、財力和物力做出了很多實踐，將其用於電商、金融、物流等場景中，累積了大量的經驗和核心技術。並藉助平臺實現了技術輸出，將其廣泛引入到政府辦公、交通管理等領域，為人工智慧技術的應用發展做出了很大貢獻。

◆阿里小蜜：AI 重構客服

在現實生活中，很多產業都涉及客戶服務，比如銀行、電信、零售、電商等等，這些產業提供客戶服務的方式無非有兩種，一是自建客服中心，聘請客服人員為顧客提供服務；二是租用客服中心，聘請客服人員為顧客提供服務。在很多企業中，客戶服務所消耗的成本占比都很大。

隨著人工智慧技術的發展，人工智慧客服被研發了出來，未來，這些人工智慧客服將走上客戶服務職位，不僅能理解客戶訴求為客戶提供服務，還能自我學習，理解問題重點，解決口語化問題引發的歧義，使客戶服務效率得以有效提升，為客戶帶來更加極致的客服體驗。Gartner 預測，到 2020 年，人工智慧客服在客服市場上將占據 40% 的席位，幫助企業解決客服效率低、品質差、成本高等問題。

圖 3-2 阿里小蜜

在此方面，阿里巴巴於 2015 年 7 月發表了一款人工智慧購物助理虛擬機器人 —— 阿里小蜜（如圖 3-2 所示）。阿里小蜜匯聚了眾多人工智慧技術，比如語音辨識技術、語義理解技術、深度學習技術、個性化推薦技術等，能夠和人進行多輪對話，還能實現個性化記憶。並且，阿里小蜜每天都會學習大量的服務紀錄和知識，以提升其智慧解決能力，承擔起人類的私人購物助理職責，為會員提供一對一的客戶顧問服務、全程陪伴購物服務，保證會員的購物安全，為會員提供極致的購物服務體驗。

目前，淘寶平臺＋天貓平臺每天的熱線求助電話有近 5 萬次，無線客戶端每天的線上服務更是多達 100 萬次。阿里小蜜不僅能輕鬆應對每天百萬次的線上服務工作量，還能將問題的智慧解決率提升到 80%，部分場景的智慧解決率可達 95%，相較於自助服務來說，客戶對客服服務的滿意度提升了近一倍。同時，藉助人工智慧技術，阿里巴巴能夠即時監控客戶服務品質，使人工干預大幅減少，使客戶服務品質得以明顯提升。

阿里小蜜匯聚了語音辨識技術、自然語言處理等技術，在未來，很有可能擺脫客戶服務助理這種簡單的工作，成為客戶的個性化助理，為客戶提供個性化服務，滿足客戶的個性化需求。屆時，人與機器的溝通會更加深入，甚至能實現人與機器自然、順暢、親切的交流，將機器視為「朋友」。比如，在未來可能會出現的家庭服務機器人，除了能為人做家務之外，或許還能和人聊天、談心、娛樂，使機器變得更有人情味。

3.2.2
阿里雲 ET：改善交通，取代人工速記

目前，很多城市的交通環境都面臨著一個極大的挑戰 —— 交通堵塞嚴重。面對該問題，不僅交通管理者倍感煩惱，移動者在選擇移動路線時

也困難重重。未來，如果無人駕駛汽車、無人機、送貨機器人等得到了普及應用，交通環境會變得日益複雜，交通管理者的工作難度也會越來越大。為了解決該問題，阿里巴巴在藉助人工智慧技術預測交通狀況、最佳化交通管控方面做出了很多努力。

利用機器學習演算法，在各種資料資源的輔助下，比如歷史交通資料、即時路況資料、影片監控資料、手機基地臺信令資料、號誌燈執行資料等，可以對交通堵塞情況進行提前預測，為交通管理者制定、選擇交通管理措施提供依據。同時，藉助於該技術生成的成果，交通管理部門還能合理規劃城市道路，科學設定號誌燈，改善交通堵塞現狀。

人工智慧機器學習演算法除了能為交通管理者服務之外，還能為移動者服務，幫助其做出科學的路線決策。藉助機器學習演算法，人工智慧能夠依據不同的移動場景，比如移動時長、距離等建構出科學的路線決策模型；還能依據各種使用者資料，比如路線資料、回饋資料等，為使用者提供符合移動偏好的決策模型。

隨著語音辨識技術和自然語言處理技術的成熟，人工智慧的應用場景將日益多元化。預計到 2018 年，客戶數位助手將能跨管道實現對人臉和聲音的有效辨識，傾聽指令，提出意見。屆時，智慧機器人或將取代速記員和書記員。

在 2016 年阿里雲的年會上，阿里雲 ET 就表現出了非凡的速記能力，其準確率比全球速記大賽的亞軍還要高出 0.67%。

儘管目前人類在人工智慧領域獲得了豐碩的成果，但依然處於弱人工智慧時代。因為目前的人工智慧技術只能幫助人類解決一些特定的問題，屬於任務型人工智慧。簡單來說就是，現階段的人工智慧機器只能「聽吩

咐辦事」，未來，能夠和人類一樣擁有思考能力、感知能力和認知能力的
人工智慧機器能否出現還是一個未知數。

但從人工智慧現在的發展形勢來看，未來人工智慧的應用領域會越來
越多，除客戶服務、風險控制、身分辨識等跨產業場景應用之外，還將在
醫療、教育、交通等特定產業場景中得以廣泛應用。

3.2.3
人工智慧在電商與金融領域的應用

◆電腦視覺技術在電商領域的廣泛應用

人工智慧的一大核心技術就是電腦視覺技術，目前，電腦視覺技術在
電商領域有了廣泛應用，具體表現在三個方面，分別是身分辨識、圖片搜
尋、違規圖片辨識。

電腦視覺技術包含了很多細小的種類，其中生物辨識技術（指紋及人
臉辨識）在身分辨識等領域得到了廣泛應用，比如在支付寶錢包中，指紋
辨識、人臉辨識已經存在，使用者「刷臉」支付已經可以實現了。

顧客體驗是限制電商發展的關鍵因素。在很多時候，顧客想要在淘寶
平臺上搜尋一件商品卻遲遲找不到，為了解決這個問題，淘寶平臺的「拍
立淘」引入了圖像辨識技術（如圖 3-3 所示），顧客想要搜尋某件商品，
只需要拍個照片，就能藉助「圖片搜尋」功能找到。在 2015 年雙 11 期
間，該功能為淘寶帶來的銷售額達千萬人民幣。

圖 3-3 「拍立淘」圖片搜尋功能範例

在電腦視覺領域有一大難關──圖中文字辨識技術（OCR）。在淘寶、天貓等購物平臺上，商品展示、創意行銷都離不開圖片。但是有些商家為了推廣行銷在圖片中附加了很多違規資訊，其中違規文字資訊占的比重很大。傳統的圖片稽核方法就是人工、肉眼稽核，不僅效率低，其成本還很高。隨著圖片數量的增加，這一稽核工作的難度越來越大。為解決這個問題，阿里媽媽圖像團隊於 2014 年投入了 OCR 技術研發，希望能夠藉助機器視覺方法辨識圖片中的文字資訊，有效篩查違規圖片。

2016 年 6 月，阿里媽媽圖像團隊研發的 OCR 技術在 Robust Reading 競賽中遙遙領先，獲得了全球矚目的好成績。利用該技術，圖片中違規文字資訊篩查的準確率高達 95%。2015 年全年，阿里媽媽團隊利用該技術遮蔽的惡意推廣資訊多達 4,600 萬筆，使得商家的惡意推廣廣告得以有效遮蔽，使消費者權益得到了有效維護，也使圖片稽核人員的工作量大幅減輕，使圖片稽核工作的難度大幅下降。

能夠自動檢測違規資訊的阿里綠網，擁有的特徵樣本數量非常多，且資料模型分析經驗異常豐富，藉助於 OCR 技術，能對違規圖片進行有效辨識。經測驗，OCR 技術辨識違規圖片的準確率高達 99.6%，使得阿里綠網檢測違規資訊的準確率得以大幅提升。

◆人工智慧在金融領域的應用

人工智慧技術在金融領域有三大應用，分別是客戶服務、風險控制、業務創新。未來，藉助人工智慧，金融服務的生態系統將得以重構，普惠金融、個性化金融服務、場景化金融服務都將得以實現。

藉助於機器學習演算法、語音辨識技術、自然語言處理技術、人臉辨識技術，螞蟻金服在保險、螞蟻微貸、風險控制、徵信、客服等領域都引入了人工智慧技術，獲得了很好的效果。比如，藉助機器學習演算法，螞蟻微貸及螞蟻花唄中虛假交易的發生率降低了 10 倍。2015 年的雙 11 期間，在螞蟻金服中，智慧機器人承擔了 95% 的遠端客戶服務工作，自動語音辨識率達到了 100%。另外，支付寶的 OCR 系統，有效提升了證件稽核效率，縮短了證件稽核時間（從 24 小時縮短到了 1 秒），提升了證件稽核的通過率（提升了 30%）。

　　除此之外，藉助於機器學習技術，螞蟻金服和保險公司聯合推出的「航空退票險」服務的賠付率明顯下降，之前，該服務的賠付率曾高達190%，虧損嚴重。在利用大數據技術進行建模之後，保險公司一度虧損的局面得到了改善，開始實現盈利。

3.3
國際大廠 AI 策略背後的布局邏輯與實踐路徑

3.3.1
IBM：基於華生系統的全方位布局

　　隨著時代的發展，企業的致勝要素也發生了變化。在 PC 網際網路時代，企業的致勝要素是能對軟體產品做出快速反應；在行動網際網路時代，企業的致勝要素是能在行動端建構生態系統；在人工智慧時代，企業的致勝要素是 AI 技術。AI 技術有兩大核心要素，一是核心技術平臺，一是資料循環。當然，只有 AI 技術也沒法形成實用性的業務，還需將其與資料結合在一起。

　　那麼，作為人工智慧時代的競爭主體，IBM 掌握了哪些優勢資源？

　　IBM 對人工智慧的關注開始於 2014 年，對人工智慧技術的關注更早。早在 1980 年代，IBM 就研發了專家系統；1997 年研發出來的深藍電腦打敗了西洋棋冠軍；2011 年研發的華生系統在美國智力競賽節目上打敗了人類選手，這些都是 IBM 在人工智慧領域獲得的偉大成就。之後，IBM 就開始以華生系統和類腦晶片為核心開始在人工智慧領域布局，以期打造人工智慧生態系統。

　　近年來，IBM 公司在人工智慧領域的研發投入約為 30 億美元／年，並逐漸將其全球業務諮詢服務和技術服務等業務部門裁撤，以打造「智慧地球」為核心，朝認知解決方案與雲端平臺的方向轉型發展，其研究領域涵蓋了節能減排、交通、環保、醫療、雲端運算、現代服務等多個領域。未來，IBM 公司在人工智慧領域的研發成果將為智慧能源、智慧交通、智

慧醫療等提供解決方案。

為布局人工智慧領域，自 2010 年以來，IBM 公司在人工智慧、伺服器與網路儲存最佳化、雲端運算、智慧地球、商業智慧資料分析、企業治理合規安全等領域併購了 30 多家公司。以 Watson（華生）為核心，從類腦晶片、認知商業時代、醫療診斷、量子運算、數位顧問、雲端運算、虛擬助理、科學研究等多個方向出發對人工智慧進行了全面布局（如圖 3-4 所示）。

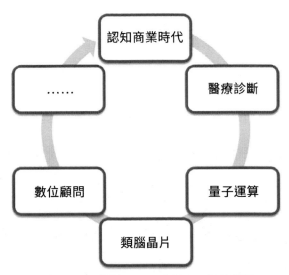

圖 3-4 IBM 圍繞 Watson 的人工智慧布局

2016 年第三季度，認知解決服務為 IBM 公司帶來 128.89 億美元的收入，且成長勢頭強勁，在 IBM 公司總營收中占比達 22.17%。預計 2016 年全年認知解決服務將營收 190.39 億美元，占比 24.56%；2017 年該服務將營收 218.95 億美元，占比 26.89%；到 2018 年，該服務的營收將達到 240.84 億美元，占比 28.72%，將成為 IBM 公司主要的業績成長點。

◆華生引領認知商業

在以前，IBM 公司將華生系統作為一個整體來發展業務。近年來，IBM 開始對華生系統進行分割，將其細分成多個功能模組，每個功能模組都能單獨出租為特定的商業問題提供解決方案。以華生為代表的認知解決服務引領商業步入了認知商業時代，對各行各業的商業價值進行了有效挖掘，實現了產業格局的重塑。在華生認知解決服務的作用下，IBM 公司為客戶提供問題的解決方案，透過客戶將企業資料不斷輸入華生系統，還可以對華生進行訓練。

華生對問題進行分析並做出回答的這一過程，引用了多種技術方法，比如自然語言處理技術、知識表達技術、資訊檢索技術、推理及機器學習技術等，藉助這些先進的技術方法對證據進行收集，對問題做出假設並進行分析，最終得出答案。

目前，基於華生系統，IBM 已經開發出了 40 多種產品，這些產品具有強大的分析、理解、推理和學習能力，能夠解決很多人類難以解決的問題，比如應對保險詐騙、消除併購風險、解決水資源管理難題等。未來，在華生引領的認知商業時代，物聯網、認知運算、異構運算、大數據分析等一系列新技術將在新能源利用、城市管理、汙染防治、交通、醫療、食品安全等領域得以廣泛應用。

◆華生＋醫療建構智慧保健平臺

隨著華生系統的廣泛應用，「華生＋」時代將正式開啟。其中，華生＋醫療將藉助自然語言處理技術，透過對非結構化資料的挖掘找到深層關係，提前腫瘤、癌症的診斷時間，提升診斷結果的準確率。

以「華生＋」醫療建構智慧保健平臺的商業策略分三步完成：

1. 以腫瘤領域為基點，深入挖掘，並向其他領域擴展。
2. 藉助大規模收購收集資料資源。
3. 藉助合作擴展「華生＋」醫療的使用場景，實現生態能力的有效輸出。

透過這三步，華生能匯聚資料、客戶、人力、能力等資源，之後，華生將成為擁有龐大發展潛力的醫療平臺，推動醫療朝著智慧醫療的方向發展。華生系統在醫療領域的應用，將大幅提升醫療診斷的效率和精確度，其應用前景非常廣闊，能夠為 IBM 帶來龐大的發展商機。

◆ 強力研發類腦晶片

除用於醫療領域之外，IBM 強大的認知運算能力還將在數位顧問、雲端運算、虛擬助理等領域得以廣泛應用，聚焦量子運算電路的研發，推動量子運算平臺實現開放，研發出多款並行式類腦晶片，促使 AI 算力得以有效提升。

2015 年 11 月，IBM 公司開發出了人工智慧基礎平臺——SystemML，該平臺可支援多種演算法，比如進行描述性分析、矩陣分解等，華生對該平臺的功能進行了有效整合。

3.3.2
Google：利用開放原始碼系統建構 AI 生態

Google，被公認為全球最大的搜尋引擎公司，擁有世界領先的大數據檢索技術，其資料庫系統也居全球第一。2015 年 8 月，Google 在企業架構調整後，成為新創辦的「傘形公司」Alphabet 旗下子公司，正式轉型成為高科技企業，其業務範圍涵蓋了多個領域。

Google 在人工智慧領域的布局開始於 2011 年，歷經了多年發展：

2011 年，Google 成立人工智慧部門。

2013 年 3 月，收購 DNNresearch，聘請 Geoffrey Hinton 教授。

2013 年 12 月，先後收購 8 家機器人公司。

2014 年 1 月，收購 DeepMind 公司。

2014 年 7 月，進行規模化城市無人駕駛道路測試。

2014 年 10 月，收購 Revolv 公司。

2015 年 3 月，與 Ethicon 簽署策略合作協議，共同致力於機器人輔助手術平臺的研究。

2015 年 10 月，向德國人工智慧研究中心 DFKI 注資。

2015 年 11 月，開發第二代深度學習系統 —— TensorFlow。

2016 年 2 月，開發新人工智慧系統 —— PlaNet。

2016 年 3 月，Google 旗下公司開發的人工智慧程式 AlphaGo 戰勝世界圍棋冠軍。

2016 年 8 月，收購 Orbitera 公司。

目前，在 Google 公司中，應用機器學習技術的團隊多達 100 多個，並將機器學習功能引入了其開放原始碼的 Android 系統，比如利用卷積神經網路開發的 Android 手機語音辨識系統等。目前，Google 產品和服務的主要驅動力就是人工智慧技術，比如利用深度學習技術最佳化搜尋引擎、對 Android 手機指令進行辨識等。

Google 布局人工智慧的途徑主要有兩條：

1. 對使用者使用場景進行涵蓋，將基於網際網路、行動網際網路開發出來的傳統業務進行延伸，涵蓋智慧家居、機器人、自動駕駛等領域，實現資料資訊的累積。

2. 匯聚低階的人工智慧技術，對高階的深度學習演算法進行大力開發，
   對圖形辨識功能和語音辨識功能進行強化，對各種資訊進行深加工。
   現階段，Google 正在努力的將人工智慧引入各產品，以期為使用者帶
   來更加場景化、智慧化的享受。

◆ 透過研發與併購，布局人工智慧系統

藉助研發＋併購，Google 擁有了兩套人工智慧系統：一套是透過研發
獲得的 TensorFlow，一套是透過併購獲得的 DeepMind。

（1）TensorFlow 系統

TensorFlow，第二代深度學習系統，誕生於 2015 年 11 月，由 Google
團隊自行研發。該系統具有三大功能：

▶ TensorFlow 系統可以對機器學習演算法程式碼進行編寫、編譯並執
  行，還能將機器學習演算法轉化為各種符號表達的圖表，使程式碼重
  新編寫的時間得以有效縮短。

▶ TensorFlow 可以對人腦的工作方式進行模仿，並對其模式進行識別，
  使其在語音辨識、照片辨識等方面得以有效應用。

▶ 使用 TensorFlow 編寫的運算幾乎可以直接拿來，將其放在多種異質
  系統上執行。

在該系統的原始碼開放之後，世界各地的工程師都將對其進行完善。
Google 收到工程師們的修改意見之後，能夠推出更好的產品和服務，進而
促使整個人工智慧產業朝著更好的方向發展。

（2）DeepMind 系統

2010 年，DeepMind 成立，該公司將機器學習與系統神經科學中最先

進的技術相結合，生成了功能強大、具有通用性的機器學習演算法。2014
年 1 月，DeepMind 被 Google 收購；2014 年 12 月， 透 過 DeepMind，
Google 與牛津大學兩支專注於人工智慧研究的團隊達成了合作；2015 年
2 月，DeepMind 系統掌握的雅達利經典遊戲多達 49 款；2016 年 3 月，
DeepMind 研發的 AlphaGo 打敗了世界圍棋冠軍，在全球引起極大波動，
將全世界的目光都聚焦在了人工智慧領域。

目前，AlphaGo 主要用於棋賽，未來，該程式還將在醫療領域、無人
駕駛領域得以廣泛應用，進而對人工智慧的商業化程式產生強大的推動
作用。

◆人工智慧＋智慧家居：推進家居生態系統建設

近年來，隨著社會的發展，智慧家居得到了廣泛關注。未來，人工智
慧技術將在智慧家居領域得到廣泛應用，這一點非常被 Google 看好。但
是目前，全世界智慧家居的滲透率都比較低，為了解決這個問題，Google
試圖在 Nest、Google Assistant 的基礎上建構智慧家居生態系統，以期藉助
併購、開放平臺建設、軟硬體結合等方式完成生態系統的打造。

在智慧家居領域，語言處理市場發展空間龐大。據相關資料顯示，
2016 年語言處理市場規模為 76.3 億美元，到 2021 年，這個市場規模將增
至 160.7 億美元，增速達 16.1%。為了在這個市場上占盡先機，2016 年 5
月，Google 推出了語音智慧助手 —— Google Assistant，該語音智慧助手
整合了語音辨識、自然語音理解、人工智慧等多項技術，可與各種裝置相
融合，能對上下文語境做出完整的理解，並對相關問題進行解答。Google
Assistant 的出現將與 Alexa、Siri、Hound 等智慧助手形成競爭之勢。

在 Google Assistant 之前，Google 於 2014 年 6 月收購了 Dropcam，一

家基於雲端的家庭監控公司；同年 10 月，收購了 Revolv 公司，一家從事於智慧家居中樞控制裝置研發的公司，該公司參與了「Works with Nest」專案。2016 年 5 月，與 Google Assistant 同期，Google Home 誕生，這是一個在 Google Assistant 的基礎上形成的智慧音箱，可透過語音進行控制，並能透過資料庫對使用者需求進行充分理解、予以滿足，這一點與亞馬遜的 Echo 有很大的不同。

◆ 感測器＋ AI 演算法：用於無人駕駛原型車研發

2009 年，Google 開始了無人駕駛汽車專案的研發；2011 年收購510Systems、Anthony's Robots 等公司共同致力於無人駕駛汽車的研究。經過幾年時間的研究，Google 無人駕駛車的行程達到了 200 萬英里，並於 2014 年發表了全球首輛自動駕駛原型車 ──「豆莢車」，並宣布將在2020 年正式上市。

Google 無人駕駛車透過技術驅動，聚焦基礎技術研究和人工智慧核心技術開發，以解決相關的軟體演算法（比如深度學習演算法、大腦技術開發演算法等）為基礎，將各種感測器集合在一起。2015 年底，Google 和福特組建了一家合資公司用於生產自動駕駛汽車，使自動駕駛汽車的製造時間得以縮短，成本得以下降。

◆ 研發量子硬體，進軍晶片市場

為了更好的研發量子硬體，Google 與美國國家航空暨太空總署、大學空間研究協會合作，成立了專門的量子人工智慧實驗室 ── QuAIL。2013 年，Google 利用 D-Wave 量子電腦在各種應用中對量子運算進行了探索，其應用有空中交通管理、Web 搜尋、機器人外太空任務等，並能使用它來操控任務控制中心。2014 年，Google 藉助其研發 D-Wave 量子電腦的

經驗對量子硬體進行了開發，並聘請 John Martinis 教授及其團隊，研發專屬於 Google 的量子晶片。

　　Google 進軍晶片市場以 TPU 晶片的研發為代表。2016 年 5 月，Google 正式推出 TPU 晶片，該晶片是為機器學習特別研發的，能夠有效提升運算精度，使使用壽命延長，在那些精密度要求高、功率大的機器學習模型中應用更加廣泛。藉助這些模型，使用者能得到的結果更加準確。Google 發表宣告，稱 TPU 晶片能有效提升機器學習能力，且能將摩爾定律推進 7 年。另外，在單位耗電量效能方面，相較於 GPU、FPGA 來說，TPU 晶片的效能能高出 10 倍。

3.3.3
英特爾：主導人工智慧晶片市場

　　隨著人工智慧等新業務的發展，英特爾的傳統業務受到了很大的影響。為了擺脫對 PC、伺服器的依賴，英特爾公司轉變了發展策略，對其傳統的 PC 晶片、行動晶片等業務進行了擴展，將其延伸到了資料中心、物聯網、人工智慧等領域，並在「2016 重建計畫」中，將其未來的發展重心轉向了雲端運算和物聯網。據預測，未來三年，物聯網、資料中心兩大業務將以 5% ～ 10% 的速度實現快速成長，為英特爾公司帶來大額營收。

　　相關資料顯示，全球各大公司在人工智慧領域的投入中，英特爾公司排名第二，鉅額的投入使得英特爾在人工智慧領域的核心競爭力能得以有效提升。未來，英特爾公司將建構一個 AI 閉環（如圖 3-5 所示），這個閉環將從雲端資料中心出發，途徑裝置終端、大數據處理，回到雲端資料中心。透過這個閉環，英特爾的人工智慧生態系統將得以有效建構，以藉此建立其在人工智慧市場上的領導地位。

圖 3-5 英特爾計劃建構的 AI 閉環

英特爾在人工智慧終端布局的重點在人機互動領域，藉助 Curie 模組、RealSense 實感技術、Cedar Trail 晶片平臺、Edison 運算平臺等技術使終端裝置的智慧化水準得以有效提升，並實現了裝置資料向後端資料中心的有效傳輸。英特爾在人工智慧後端布局的主要目的是研發適用於機器學習的 CPU 晶片和 FPGA 晶片，使人工智慧運算效能得以有效拓展。

◆軟體層面：「兩庫」齊發＋公司併購

在軟體層面，英特爾異常關注數學核心函式庫與資料分析加速庫的建設。目前，英特爾的數學核心函式庫已建設完成，該函式庫是針對深度學習建設的，名為 Intel MKL-DNN（深度學習神經網路），旨在為 MKL 深度學習神經網路層服務。預計到 2017 年，英特爾還將發表神經網路 API，為開發者進入機器學習領域服務，降低其入門難度。

另外，為了在人工智慧領域更好的布局，英特爾還收購了很多公司，比如 2013 年收購西班牙自然語言處理公司 Indisys；2015 年收購人工智慧公司 Saffron Technology、半導體廠商 Altera；2016 年先後收購電腦視覺公

司 Itseez 和 Movidius、以色列的姿勢辨識軟體開發公司 Omek Interactive、半導體功能性安全方案廠商 Yogitech 等等。

◆硬體層面：「三管」齊下對抗 NVIDIA GPU

相較於 NVIDIA GPU 晶片來說，英特爾晶片在影片、語音等非結構化資料處理、模型辨識、深度學習、神經網路伺服器等方面的效能較差，其市場競爭力也比較弱。為此，英特爾三管齊下對硬體系統進行開發，提升其效能，增強其競爭力。

第一管：2016 年 4 月，英特爾發表 Xeon E5-2600 v 雙路伺服器晶片，該晶片在機器學習模型評分領域有極強的適用性。目前，英特爾正致力於 Xeon Phi（至強融核處理器）的研發，其成果 —— 至強 Xeon Phi 新型晶片將在 2017 年面市。屆時，該款晶片將在語音辨識、自動駕駛、圖像辨識等領域得以廣泛應用。

第二管：2016 年 8 月，英特爾收購 Nervana，一家致力於深度學習軟體開放原始碼的初創公司，以期在 Nervana Systems 的支援下將矽層機器學習的想法得以落實。Nervana 公司的一款晶片 —— Engine，是針對神經網路設計出來的，相較於傳統 GPU，該晶片用於深度學習訓練，其能耗更低、效能更好，其處理速度可提升 10 倍。英特爾在收購 Nervana 之後，其在 CPU 領域的優勢能向深度學習領域順利延伸，能將深度學習應用的開發時間和推廣時間有效縮短。

第三管：2015 年 12 月，英特爾收購半導體廠商 Altera，助力統一介面的開發。目前，英特爾正在嘗試在一顆晶片中安裝「至強系列處理器」和「FPGAs」，如果這款晶片能研發成功，屆時，處理器和半導體將產生相互作用，將以相互配合的方式作用於深度學習訓練，將使其效果得以有

效提升。未來，該晶片還將廣泛用於 CNN 影像辨識、目標探測、發掘大數據規律等領域，使其工作效率得以大幅提升。

◆專注於無人駕駛、機器視覺領域

近年來，英特爾在車聯網領域投入了許多資源，開發出了「ADAS 高階駕駛助手系統」，並聯合很多汽車廠商對其進行了測試。

在機器視覺領域，為了推進無人駕駛汽車的研發，英特爾收購了 Itseez 和 Movidius。2016 年 5 月，英特爾收購 Itseez（一家電腦視覺演算法公司），共同致力於數位安全監控、工業檢測、自動駕駛等創新型深度學習 CV 應用程式的研發，以從汽車到安全系統完成物聯網的建構。2016 年 9 月，英特爾收購 Movidius（一家電腦視覺開發商），Google、聯想等公司應用該技術，為很多智慧裝置（比如安全攝影鏡頭、無人駕駛機等）配備了視覺功能。在被英特爾收購之後，Movidius 將與 RealSense 技術實現有效整合。

在 Google、IBM 建構人工智慧平臺、英特爾、NVIDIA 深入研究人工智慧晶片的時代背景下，從技術層面來看，人工智慧商業化的實現難度將持續降低，人工智慧技術將在商業領域得到廣泛應用，其中無人駕駛、智慧家居、模糊檢索等領域將首當其衝。

從人工智慧目前的發展形勢來看，IBM 和 Google 的布局主要在基礎層、應用層和技術層。IBM 已經完成了認知解決方案與雲端平臺公司的轉型，在華生系統的引領下將推動社會走入認知商業時代。Google 則將重點放在了機器學習領域，將藉助平臺優勢，實現軟硬體結合以建構生態系統。而傳統的晶片公司英特爾和輝達，在 PC、行動智慧終端趨於飽和的背景下，將發展重點放在了人工智慧硬體的開發方面，並在人工智慧框架建構和商業化應用方面做出了諸多嘗試。

第 4 章

掘金藍海：人工智慧的商業化路徑與突破

4.1
自動化經濟：探索人工智慧的商業化未來

4.1.1
引爆人工智慧：3,700 億人民幣的市場藍海

近年來的中國，隨著人工智慧技術的發展，以無人駕駛汽車、智慧掃地機器人、無人機、智慧停車機器人等為代表的一系列人工智慧產品，逐漸滲透進了人們生活，催生出了一大批新興的人工智慧企業。

◆3,700 億人民幣的商業藍海

人工智慧市場從 2005 年起步，經過十年時間的發展，到 2015 年，市場規模達到了 490 億人民幣。自 2015 年之後，市場規模成長速度加快，預計到 2020 年，人工智慧市場的市場規模將達 3,700 億人民幣。也就是說，我們正處於，也將繼續處於一個人工智慧爆炸時代。

據 CB Insights 統計顯示，在 2010 年，獲得融資的人工智慧企業只有 61 家，融資金額為 8,100 萬美元；2016 年，獲得融資的人工智慧初創公司有 522 家，融資金額為 31.2 億美元，成長速度之快令人驚詫。

這種趨勢在中國表現得甚為明顯，人工智慧領域的創業公司獲取融資的頻率為 1 ～ 2 家／週。比如，2016 年 10 月，碼隆科技 A 輪融資 6,200 萬人民幣；機器人創業公司 Vincross 完成 A 輪融資獲 600 萬美元融資；圖瑪深維獲 150 萬美元的天使輪融資；醫療影像雲端平臺匯醫慧影獲 A 輪融資數千萬人民幣等等。

由此可見，在現階段，在人工智慧市場上，不僅創業公司層出不窮，

投資公司也表現得極度興奮。一個市場連續六年保持瘋狂成長，並且這種成長勢頭在未來幾年依然強勁，這是一種非常罕見的現象。預計到 2017 年，還會有一批人工智慧領域的初創公司獲得高額融資，融資額將繼續成長。

面對這 3,700 億人民幣的市場，不僅創業公司與投資機構按捺不住，以 Google、聯想、微軟、IBM 為代表的科技領域的大廠們也紛紛出動。

2011 年 8 月，Apple Siri 從單純的語音控制轉變為能學習語音和聲調、支援語音輸入、支援對話的人工智慧應用；2014 年 3 月，Google 的 Google Now 成為安卓系統使用者的智慧助理，能學習使用者習慣和行為，並根據學習結果為使用者提供有用資訊；2014 年 7 月，微軟的 Cortana 問世，這是全球首款真正的人工智慧助理，融合了深度學習技術，不僅能搜尋題目，還能與使用者對話。

這些人工智慧產品已經在不知不覺中進入到了人們生活中，它們在與人類接觸的過程中能夠學習使用者習慣，模仿使用者行為，收集使用者資訊，為使用者提供有用的資訊和建議等。

以微軟 Cortana 為例，即使一開始很多使用者都不接受微軟 Cortana，但微軟藉助 Windows 10 將 PC 端和行動端連線在了一起，採取免費升級策略來刺激使用者安裝 Windows 10 系統，從而將 Cortana 的使用者擴增到了 4 億人，成為距離人們最近、擁有使用者數量最多的人工智慧。

在人工智慧發展形勢大好的當下，有一個困擾企業已久的問題，就是如何將人工智慧與商業結合在一起實現變現。儘管目前已經有企業利用人工智慧實現了商業變現，但其占比極小。

比如亞馬遜的購物推薦系統，能夠透過分析使用者的購物紀錄為使用者自動推薦商品，刺激消費者的購買欲，以實現增收；或是 Google 搜尋，

可以對使用者的搜尋紀錄進行分析，推薦一些使用者喜歡的內容；或是智慧掃地機器人、無人駕駛汽車等，都能很好的實現變現。但這些產品的變現規模相較於 3,700 億人民幣的市場來說只是九牛一毛而已。

◆即將爆發的技術產業革命

隨著人工智慧技術的突破成熟和產業化發展，不論是科技界還是商業領域，越來越多的人開始認同人工智慧將對未來世界造成重大變革重塑。

經過半個多世紀的累積沉澱，以往只能出現在科幻大片中的人工智慧場景似乎正在「照進現實」。科學家和商業大廠正聯合起來為人們帶來一次次的震撼：智慧可穿戴裝置大量湧現、無人駕駛技術研發不斷突破、各種智慧機器人層出不窮⋯⋯曾準確預言電腦會戰勝人類棋王的美國科學家雷蒙·庫茲維爾再一次樂觀的指出，2045 年將成為一個劃時代的臨界點，人工智慧將會超越人類智慧。

在一份研究報告中，Google 公布了他們在人工智慧方面的新進展 —— 研發出一個可以「自主」學習、能夠與使用者進行持續交流的智慧系統。該系統不僅可以幫助使用者診斷和修復電腦方面的問題，甚至能夠透過「學習」與人們探討哲學、道德等更微妙、更複雜、更有「人性」的問題。同時該系統對使用者問題解答的連續性和邏輯性之強，「甚至會讓使用者誤以為是大學室友在回答他們的問題」。

量化分析公司 Quid 的資料顯示，從 2009 年到 2015 年，人工智慧領域獲得的投資規模超過 170 億美元；近幾年，人工智慧領域的民間投資平均每年的成長速度達到 62%。2016 年人工智慧繼續保持強勁發展態勢，在技術研發、資本市場和產業應用方面都逐漸呈現出全面爆發之勢。

人工智慧將為社會生產生活帶來極大變革。以工業機器人為例，如果

具有更高智慧化水準的機器視覺、雲端控制等能夠嵌入到工業機器人中，那麼將會大大推動當前的彈性化生產形態，將多條小批次訂製化生產線整合成一條生產線，從而降低大約 30% 的固定資產投資成本以及 60% 到 70% 的人工成本，為汽車整車、汽車零部件製造、電子電氣、食品工業以及物流等多個領域帶來 8 到 10 倍的產業叢集效應，並由此創造出 800 億到 1,000 億人民幣的市場規模。

`4.1.2`
諸侯爭霸：大廠的技術創新與突破

　　行動網際網路的深化發展不斷改變著人類社會的生產生活形態。然而，技術瓶頸卻極大制約了新應用模式和商業創新的發展，使網際網路龐大的創新創造價值無法充分釋放出來。而人工智慧則被視為衝出這一困境的重要驅動力量，從科技界到商業界，越來越多的人認為人工智慧將對人類世界帶來重大的改變。

　　基於行動網際網路的各種創新性商業模式、商業形態不斷湧現：連線人與資訊，透過廣告創收；連線人和商品，藉助電子商務獲得收益；連線人與人，基於龐大的社交使用者族群透過加值服務實現盈利。

　　雖然這些網際網路創新服務形態迥然不同，但都面臨著一個共同的問題：智慧化水準較低。比如，高速運算、下棋布局等對人類來說很難的結構性、程序化動作，對電腦而言可能很容易完成；但對於更能展現人之特性的事情，如動作、書寫、辨識等，對機器來說卻難以實現。

　　智慧化水準不足極大限制了創新性商業形態的發展應用。比如，無人機配送是提高物流效率、緩解日益嚴峻的物流壓力的有效方式，但當前尚未研發出能夠實現自主飛行的機器。躲避障礙、具備簽名或人臉辨識功

能、能夠在突發情況下自主規劃新路線等，這些都是無人機需要在人工智慧技術方面進一步突破最佳化的內容。

國際網際網路大廠也都基於自身特質建構了獨特的人工智慧發展路徑和方向。比如，IBM 深耕資料處理領域，當前正積極研發一種能夠模擬人腦運算過程的仿生晶片，預計 2019 年能夠實現。Facebook 主要基於在人臉圖像資料資源方面的強大優勢拓展人工智慧，如 DeepFace 技術的臉部辨識率達到了 97%；Google 則在深度學習領域不斷布局，近些年透過併購、軟硬體一體化、開放性平臺策略等多種方式打造人工智慧生態圈，並在運動控制、軟體辨識、語音辨識等多個方面與其他布局深度學習的公司進行著激烈競爭。

除了儲存要求，人工智慧的實現還需要強大的資料加工能力。這一動作類似人類大腦的記憶聯想，即要理解使用者非結構化、非標準化的語言，需要資料工廠在大量資料中建立與詞語或場景的動態關聯。因此，超算平臺的搭建，以及基於資料探勘和搜尋演算法對知識庫和資訊庫進行分類與關聯的技術能力，已成為人工智慧企業的重要準入門檻，也是後續技術應用和專業服務的基礎支撐。

超高的技術門檻將很多企業排除在了人工智慧的技術布局中。不過，那些技術沉澱無法與網際網路大廠相比的企業，卻可以針對資料傳輸、運算、儲存等方面對基礎設施資源的需求，轉型智慧硬體布局，藉此在人工智慧爆發的盈利中分一杯羹。

2015 年 6 月，阿里巴巴聯合富士康向日本軟銀集團旗下的機器人公司 SBRH 分別策略投資 145 億日圓，各自占有其 20% 的股份，軟銀集團持有 60% 的股份。SBRH 是軟銀以 2012 年初收購的專注於機器人業務的

法國公司 Aldebaran 為基礎建立的，當前已研發出了全球首個具有感情的機器人產品 Pepper。

阿里與軟銀、富士康的合作是其在人工智慧領域布局的重要內容。基於自身完善的管道優勢、阿里雲端強大的儲存、運算和大數據分析能力，再加上 SBRH 在機器人領域的專業優勢，阿里巴巴將能夠在機器人應用場景和使用者體驗方面大有作為，進而推動全球機器人產業的快速發展。

4.1.3
機器學習：人工智慧的三種設計模式

在人類社會發展的程序中，工具、技術一直都是非常重要的推動力。尤其是在 18 世紀中葉進入工業文明時代以來，在工業革命、技術革新的推動下，社會發生了重大的變革，機器生產代替了手工勞動，手工業逐漸消失，大批種類繁多的自動化機器不斷出現。這種現象在電腦出現之後變得更加嚴重。

1946 年，第一臺電腦誕生，自此，電腦在人類的生產、生活中扮演的角色越來越多。起初，電腦只是單純的幫助人類解決運算難題，後來隨著電腦技術的發展和網際網路的出現，電腦不僅為人類提供了搜尋、儲存、遊戲、娛樂、控制等服務，還催生了很多工種，比如軟體工程師、電腦系統工程師等等，提供了諸多就業職位。

現如今，人工智慧也面臨著與電腦相似的境況，在其引導下的人類發展方向也有了諸多可能。目前，Google、英特爾、聯想等公司在人工智慧產品開發方面獲得了很多成就，在這些成就的影響下，未來，人工智慧的設計模式有三大表現（如圖 4-1 所示）。

◆「訓練資料」模式

目前，有監督的機器學習領域是人工智慧技術應用最為廣泛的領域，有監督就代表演算法需要透過學習從訓練資料中獲得，這與人類的間接學習方法有很大的不同。

在這種情況下，機器學習演算法的效果如何，在相當程度上取決於訓練資料的品質和數量。訓練資料的蒐集是一項非常具有挑戰性的工作，即使是諸如 Google 這樣的大公司也不得不小心謹慎，Google 每年在蒐集整理訓練資料方面需要耗費的時間和精力非常大。

但顯然，訓練資料的蒐集和整理是一項「無底洞」一樣的工作。比如，Facebook 推出一個新表情，為了了解這個新表情的使用情境，機器學習演算法需要大量的例子。所以，在機器學習演算法中，蒐集訓練資料需要大量的人工勞動。

人工智慧

・「訓練資料」模式

・「人工參與的循環鏈」模式

・主動學習模式

圖 4-1 人工智慧的三種設計模式

◆「人工參與的循環鏈」模式

自電腦出現之後，藉助電腦，很多問題都能得到快速解決。但是，又有很多看似簡單的問題而電腦卻難以提出解決方案，比如如何使用電腦引導類人機器人走路的問題。在人工智慧領域，也有一些類似的問題存在，比如：針對某個問題，人工智慧演算法預測的精確度能夠達到 80%，卻難以提升到 90%。

但機器學習演算法有一個很大的優點，就是對其優劣勢非常清楚。對於不能做出精確判斷的問題，機器學習演算法能明白的告知給工程師，由工程師予以解決。在這種情況下，就形成了一種「人工參與的循環鏈」模式，其具體內容是對於某個問題，當機器難以解決時，可以交由人類解決。

在以前，我們總認為這種「人工參與的循環鏈」模式只是一種美好的想像而已，與現實有很大的差距，但事實上，這種模式的發展速度非常快，超乎人類想像。其典型產品有 Facebook M 等。

Facebook 研發了一款人工智慧助理服務，名為 M，它能夠聽懂人類發出的語言指令，並根據指令去完成某些工作，比如幫主人訂花、購買商品、安排約會等等。對於一些複雜的、難以完成的指令，M 會交由人類自行解決。

自動駕駛與 ATM 也是如此。到目前為止，自動駕駛難以脫離人工控制，自動駕駛能夠實現自動停車，能在好的路況條件下實現自動駕駛，但是遇到複雜的路況條件，就必須進行人工操控。ATM 的自助存提款服務也有一定的限制，只能處理完整的、明確的、整額的鈔票，對於那些有汙漬、破損、零散的鈔票還需要到人工櫃檯上進行處理。這些例子都顯示，機器能夠幫助人類解決一些問題，但仍有很多問題需要人類自行解決。

從這個角度來看，該設計模式與「訓練資料」的設計模式有很大的不同，只是用機器學習演算法對部分工作進行了替換，使工作效率得以有效提升。該設計模式可能會縮小企業的用工數量，但也有可能創造出很多新的就業職位。

◆ 主動學習模式

主動學習模式是訓練資料模式和人工參與的循環鏈模式的結合。人工參與的循環鏈模式收集了很多訓練資料，這些資料能回饋到機器學習演算法中使其效能得以有效提升。對於那些機器學習演算法不能解決的複雜問題，人類對該問題的解決方法和思路能提供學習機會給機器。這也就意味著，人類在解決機器不能解決的問題時培養了一批「對手」，同時，這些「對手」實力的增強也在相當程度上減輕了人類的工作負擔，並使工作效率得以有效提升。

在過去，之所以機器學習演算法遲遲得不到有效應用，是因為場景不同，所需要的機器演算法也不同，機器學習演算法是需要訂製的，這需要一大筆費用。受高成本的影響，只有大公司才有能力引進機器學習模式，使用機器學習演算法。

但是，現如今，隨著運算能耗的持續降低和機器學習演算法產品的增多，機器學習演算法的應用成本正在逐漸降低。比如，在 2015 年，僅一年的時間就有四家企業發表了雲端機器學習平臺，為眾多小企業使用機器學習提供了機會。總之，隨著機器學習應用門檻的降低，機器學習的應用範圍正在迅速擴展。

商業啟示：人工智慧如何商業變現？

人工智慧的價值還需要商業變現展現出來，如何實現人工智慧的商業變現，中國的高德地圖、碼隆科技等公司為我們提供了很好的借鑑。

◆【案例 1】高德地圖與人工智慧導航服務

2016 年 9 月，高德地圖推出了人工智慧導航服務。該服務能夠依據使用者的性別、年齡、地域、職業等屬性，結合使用者的駕駛習慣和阿里大數據提供的消費偏好和消費能力等因素，為使用者提供一個能夠滿足需求的導航路線。

高德地圖有一個龐大的使用者族群，如果這些使用者族群全部使用人工智慧服務，那麼它所產生的商業價值將無比龐大。

◆【案例 2】視覺中國與碼隆科技的圖像辨識人工智慧技術

視覺中國是中國最大的視覺創意門戶，在引入人工智慧技術之前，視覺中國每年都要在圖片維權方面投入鉅額資金。自引入碼隆科技的圖像辨識人工智慧技術之後，視覺中國在圖片維權方面的支出大幅下降。

利用圖像辨識人工智慧技術，視覺中國能夠在全網路對圖片進行標注，實現以圖搜圖，即使盜版者對圖片進行了修改，也能夠準確的搜尋出來，進行維權。自使用了圖像辨識人工智慧技術之後，視覺中國將盜版圖片篩查的準確率提升了近 60%，有力的打擊了盜版，維護了創作者、設計師的版權及利益，幫助視覺中國減少了因圖片盜版而帶來的鉅額損失。

◆【案例 3】優料寶與碼隆科技的人工智慧布料圖像引擎

優料寶，中國一家布料交易平臺，也是與碼隆科技合作，引入了人工

智慧布料圖像引擎，該技術隸屬於圖像辨識人工智慧技術領域。藉助人工智慧布料圖像引擎，使用者可以在優料寶平臺上傳布料照片，該應用程式能夠對照片進行細化分析，將與圖片配對度較高的布料展示在使用者面前。

在引入該技術之前，使用者在優料寶平臺搜尋布料需要輸入很多文字，不僅搜尋布料的效率低，有的時候還搜不到心儀的布料。引入人工智慧之後，人工智慧能根據使用者上傳的圖片自動搜尋布料，不僅提升了布料搜尋效率，還解決了搜尋布料難的問題，提升了使用者的購物體驗。

人工智慧布料圖像引擎只是 ProductAI 五大應用場景中的一個，五大應用場景分別是：圖像自動分類整理、圖片實體檢測、搜尋相似圖片、標注圖片資料、圖像搜尋引擎。其中，圖像搜尋引擎在優料寶只試用了三天就正式上線了。

綜上可見，一個人工智慧專案的商業價值是非常大的。Alphabet 市值 4,900 億美元，這僅僅是 40 款新藥的市場價值而已。現階段，Alphabet 的新藥研製工作完全可以依靠人工智慧來完成。英國的醫藥公司 Stratified Mediacal 藉助人工智慧技術對病人的 DNA 資料進行檢索分析、發現問題、根據問題研製藥物，在相當程度上降低了藥物的研製成本，提升了藥物的研製效率。

現階段，人工智慧技術應用發展的兩大難題 —— 技術與運算量已經有效解決了，人工智慧應用要成功發展，關鍵在於想像。在很多企業依然執著於運算量、神經網路節點數量的同時，已經有企業將人工智慧技術引入了某種商業情境中產生商業價值了。由此可見，現階段，人工智慧技術已經具備了商業變現的條件，能否變現關鍵在於企業能夠想像出人工智慧變現的商業模式，並將這種模式用於實踐。

4.2
技術產品化：人工智慧技術如何改變世界？

產品成形：從技術到產品的轉化

近年來，在人工智慧領域出現了很多新應用、新產品，比如藉助自然語言處理技術，微軟開發了一款同聲傳譯軟體——Skype Translator；藉助於知識表示、規劃和決策技術，反恐祕密武器 Palantir 和認知能力多面手 IBM Watson 被研發了出來。具體分析如下：

◆微軟的 Skype Translator 同聲傳譯產品

2014 年 5 月，在微軟 Code 大會上，推出了一款名為 Skype Translator 的同聲傳譯產品。這款產品是 Skype 聯合微軟的機器翻譯團隊共同研發的，其中匯集了機器翻譯技術、語言聊天技術和神經網路語言識別技術等，能夠實現同聲傳譯。

在 Code 大會上相關人員對這款軟體進行了測試，讓兩個不同語種的人藉助 Skype Translator 面對面進行交流，二人的交流非常順暢。藉助於 Skype Translator，當一人說出一句話時，系統就會開始進行翻譯，翻譯結果會傳達到另一個人的耳中，並以字幕的形式在螢幕上顯示出來。藉助於這款產品，不同語言、不同口音都能被辨識出來，為不同語種間人們的交流提供了極大的便利。

現如今，Skype Translator 的開發還處於早期。未來，隨著 Skype Translator 研發的日益深入，世界的交流方式將得以改變。

以線上教育為例，2014 年 12 月，Skype Translator 預覽版正式面市，藉助於這款產品，使用不同語言的人也能夠互相無障礙的理解和交流。比如：英語語句經過產品辨識能自動翻譯成西班牙語，並以文字的形式呈現出來，幫助西班牙語使用者理解；同樣，西班牙語也能自動翻譯成英語，以文字的形式呈現出來。透過這種方式，世界各地的人都能實現無障礙交流，為推動全球教育的發展貢獻了強大的力量。

◆Palantir：CIA 的反恐祕密武器

Palantir 是一家大數據探勘分析公司，它將人工智慧演算法與強大的引擎整合在一起，藉助引擎它能對多個資料庫進行掃描，藉助人工智慧演算法它能對資料庫資訊進行處理，並允許使用者對相關資訊進行快速瀏覽。目前，其產品已經被 CIA、FBI、私人調查機構等多種機構所使用。

諸如 FBI、CIA 這樣的機構其資料庫非常多，且資料庫中的內容非常豐富，涵蓋了包括財務資料、語音資料、DNA 樣本、各地地圖在內的多種資訊。要想將這些資料中的資訊連結到一起，需要消耗龐大的時間成本和人力成本。並且，即使各個資料庫之間建立了關聯，不同種類資料的開發應用也面臨著較大的困難。Palantir 所研發的產品就很好的解決了這些問題，將資料庫的開發應用變得更加簡單。除此之外，對於各種安全問題，Palantir 也保持著非常高的敏感度。

Palantir 公司這種對資料庫的整理、整合能力，在電腦時代引發了一場革命。現如今，Palantir 公司開發的產品成為了美國情報機關反恐的必備工具。在「911 事件」發生之後，Palantir 幫助情報人員解決了很多技術難題——從大量的資料中迅速篩選出有用的線索，為反恐工作提供了有力的支援。

目前，除了安全、反恐，Palantir 的業務範圍也開始向醫療、生物科技、零售、保險等領域發展。比如，利用 Palantir 偵破醫療保險詐騙案等。在美國，Palantir 公司深受歡迎，其年收入超過了 10 億美元，且仍在以每年 3 倍的速度成長。但 Palantir 公司行事非常低調，可謂是人工智慧領域的楷模。

◆IBM Watson：認知能力強勁的多面手

Watson 是一個龐大的電腦系統，IBM 伺服器的數量為 90 臺，電腦晶片有 360 個，Power7 系列處理器（目前 RISC 架構中功能最強大的處理器）有 2,880 個，其體積相當於 10 臺一般冰箱。這個龐大的電腦系統，其記憶體容量達 15TB，運算速度達每秒 80 兆次。

Watson 是 IBM 公司在深度開放網域問答系統工程（DeepQA）技術基礎上開發的一個電腦系統。藉助於 DeepQA 技術，Watson 能讀取百萬級的頁面文字資料，能藉助深度自然語言處理技術針對某一問題給出備選答案，能對問題進行有效評估。其系統內部預先設定的 100 多套演算法能在 3 秒之內給出問題的答案，它能針對某個問題對大量資訊進行檢索、篩選，並能將其答案以人類語言輸出。

為了使 Watson 實現這些功能，其系統中儲存著大量的圖書、劇本、新聞、文選等資料。在對題目進行讀取之後，Watson 就會自動對其資料進行檢索，在 3 秒之內給出答案。

2006 年，IBM 公司開始致力於 Watson 系統的研發；2011 年 2 月，Watson 系統在危險地帶智力搶答遊戲中一戰成名；2011 年 8 月，Watson 系統被引入醫療領域。在醫療腫瘤學領域，Watson 收錄了眾多文字資料，比如收錄了 42 種關於腫瘤學的醫學期刊、60 多萬筆臨床試驗的醫療證

據、200 多萬頁的文字資料等等。在癌症治療領域，Watson 能夠在幾秒鐘之內完成對 150 多萬份患者紀錄的篩選，其內容包括患者病歷、治療方案、治療結果等，以為癌症治療提供有效的治療方案。目前，全球癌症治療效果排名前三的醫院都在使用 Watson 系統。

2012 年 3 月，Watson 系統被引入金融領域，花旗集團是第一位客戶。Watson 幫助花旗對其使用者需求進行分析，對金融、經濟和使用者資料進行處理，並幫助其建構了極具個性的數位銀行，還幫助其搜尋可能發生的金融風險、可能產生的收益以及可能存在的客戶需求。

目前，無論是醫療資訊、金融資訊還是其他的資訊都在飛速成長，都為 Watson 系統的開發應用提供了絕佳的商機。

總之，隨著技術的突破性進展，隨著各 IT 大廠在人工智慧領域投入的不斷增加，人工智慧正在快速發展，正在以某些領域為切入點改變著世界，推動世界朝著更好的方向發展。

4.2.2
硬體架構：引領場景通用 AI 時代

從網際網路時代到智慧硬體時代，技術發展和商業模式創新一直都是相互影響的，技術發展會推動商業模式創新，商業模式創新也會影響技術發展。但一旦有技術發展不足以支援商業模式創新情況發生，商業模式創新就會止步不前。直到下一波技術革命來臨，商業模式創新才會繼續出現。

從「物聯網」到「萬物互聯」，大量資料被催生了出來，單純的觸控式螢幕互動已經難以滿足使用者的多樣化輸入需求了。受技術發展因素的影響，商業模式創新開始止步不前。在這樣的情況下，一旦人工智慧技術

獲得突破性進展，商業模式就能得以創新發展，隨之而來的將是擁有龐大發展潛力的市場空間。

現如今，web2.0 時代的現有技術已經難以滿足商業模式的創新需求了。未來，商業模式要創新，就要依賴不斷進步的技術，屆時人工智慧將成為重要支撐。

◆人工智慧未來的硬體架構

近十年，電腦科學的研究重點在資訊處理層面，基於此，我們將這個時代稱為「大數據時代」或者「資料大爆炸時代」。未來，隨大數據時代而生的這種資訊處理能力將出現發展瓶頸，屆時，電腦科學的研究重點就會轉移到「突破電腦現有運算能力極限」方面，也就是顛覆馮紐曼（John von Neumann）的硬體架構方面。

在人工智慧技術的支援下，顛覆馮紐曼的硬體架構將從底層的硬體架構變革開始。到那時，硬體模式將擺脫對雲端運算的依賴，將從晶片層面直接對人工神經網路進行模擬，以建構一個完善的硬體大腦。這個想法或許是人工智慧在硬體裝置領域的終極解決方案。從現階段的技術層面來看，儘管這個想法的實現還需要很長時間的努力，但其大致方向已經顯現了出來。

（1）人腦晶片

2014 年 8 月，IBM 公司宣布由 IBM 公司和紐約康乃爾大學合作進行底層設計、由三星電子生產的晶片 —— TrueNorth 大獲成功。IBM 公司的人腦晶片研發專案開始於 2008 年，美國國防部高等研究計畫署為其投資了 5,300 萬美元。

經過 6 年的時間，這款整合了 100 萬個神經元和 2.56 億個突觸的晶

片終於問世。這款晶片相較於擁有 1,000 億個神經元和不可計量的突觸的人腦來說還有一定的差距，但是與蜜蜂的大腦已經非常接近了。

現階段，這款晶片能夠以每秒每瓦 460 億次神經突觸的速度運作，能夠和人腦一樣對物體進行探測與辨識。簡單來說，在這款晶片運作的過程中，能透過探測、識別模式將一些字母串聯在一起，以拼湊出完整的單字和語句，對其進行辨識。整體來說，這種應用還相當簡單，難以用於商業領域，與商業智慧化的實現還有很大差距。

除 IBM 公司的 TrueNorth 晶片之外，英特爾、高通等公司也擁有自主晶片設計，他們的晶片設計獲得了工程師的高度評價，被稱為「神經形態」。在未來，以 TrueNorth 為代表的二元晶片將被能模擬人腦關聯功能的晶片產品所替代。這一想法能否實現依賴於正確的神經元結構能否找到，其研究過程需要經過很長的時間。

（2）量子運算

目前常見的電腦是藉助電晶體電路儲存資料的，屬於二進位制，只能完成一些簡單的建模與運算，面對複雜的建模和運算往往顯得有心無力。

而量子電腦則很好的彌補了普通電腦的這種缺陷，藉由粒子的量子狀態儲存資料，藉助量子演算法對資料進行操控，藉助量子邏輯來完成通用運算，其擁有的強大平行運算能力能夠大幅提升電腦的運算速度。

在量子電腦研究方面做出突出貢獻的就是 Google 公司。Google 公司秉持著「使機器人能夠像人一樣獨立思考」的理想，於 2014 年開始與各科學家聯手對量子電腦的處理器進行研究。這一研究究竟能否成功，現在還無法預見，只能在未來見分曉。

（3）仿生電腦

目前在通用的CPU、GPU基礎上形成的處理神經網路運作效率較低。以 Google 大腦為例，Google 大腦擁有的 CPU 數量達 1.6 萬個，要想完成辨識動物臉部難度的無監督學習訓練，需要執行 7 天。並且，Google 大腦的 100 億個突觸相較於人腦的 100 兆個突觸還有很大差距。

另外，以 CPU、GPU 為基礎形成的通用處理器，在建構資料中心的時候，占地面積大、散熱功能差、消耗電量多，如此大的成本，一般的網際網路企業根本無力支付。面對這些問題，專門的神經網路處理器成了各網際網路企業的急需裝置。

仿生電腦就是為解決這個問題提出的，透過仿生電腦，大規模人工神經網路的建構問題能得以有效解決。

◆ 從專用智慧到通用智慧

在專用智慧時代，人工智慧技術只能在特定領域、特定場景中應用。

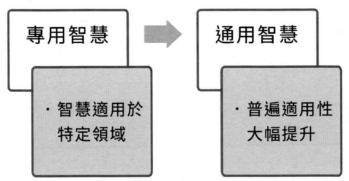

圖 4-2 人工智慧技術的發展趨勢

無論是安防監控領域對違法違規行為的辨識與回應，還是購物中心領域對顧客消費行為的辨識與回應，其基礎都是電腦視覺技術。但是在專用

智慧時代，因運算能力和建模能力不足，人工智慧技術只能在特定的領域使用，無法實現跨場景應用。

未來，隨著人工智慧技術的發展，當專用智慧時代步入通用智慧時代之後，人工智慧技術的普遍適用性將得以大幅提升（如圖 4-2 所示）。屆時，一個普通的監控攝影鏡頭＋電腦視覺雲端平臺，在任何場合都能根據使用者需求對人群進行辨識，並做出分析和決策。

現如今，通用智慧時代距離我們還比較遙遠。要想從專用智慧時代邁進通用智慧時代，在運算資源層面必須超越現有的能力上限；在電腦建模層面必須突破現下深度學習演算法極限，真正實現「機器人像人一樣思考」。

在跨場景通用人工智慧時代，應用層企業的進入門檻最低，平臺企業的進入門檻最高，技術細分領域領先企業的進入門檻居中。這也就意味著，屆時，應用層企業的競爭會非常慘烈。

4.2.3
未來人工智慧產品主要發展趨勢

從實際的發展情況來看，人工智慧產品是否能夠被廣大使用者普遍認可，主要是看人工智慧技術能否獲得實質性突破。在媒體及企業的宣傳下，「人工智慧」這一概念確實相當熱門，但對於實際的產品，大多數的消費者並不願意購買。

除去價格因素外，很多人工智慧產品根本就是徒有其表，只不過是將以前的功能性電子產品接入網際網路，智慧手環就是一種相當典型的代表。毋庸置疑的是，能成為爆紅的人工智慧產品必然是建立在高度發達的人工智慧技術之上。

現階段，人工智慧的商業應用範圍仍相對較小。在《必然》中，凱

文‧凱利表示，基本上所有的物體都能成為傳播資訊的工具，而且這些工具都將實現智慧化，它們成為了解內心真實需求的「資訊機器人」。藉助於媒體實現與使用者需求的智慧化無縫對接，不但能夠分析使用者需求並推送相關資訊，而且能夠獲取更多的新使用者，並引導及滿足他們的新需求。

這就象徵著傳媒業將從資訊時代向智慧時代轉變，各種類型的資訊機器人將被廣泛應用於豐富多元的場景中，甚至內建在其他機器人中為使用者提供資訊服務。目前，包括 Google、微軟、Facebook 為代表的諸多科技企業都在積極研發智慧聊天、技能服務等技術。

除了技術本身的發展受限外，人工智慧產品及服務的價格過高也是制約其發展的重要因素。而人工智慧產品的成本主要就是集中在研發成本、維護及保養成本方面，如果在技術方面能夠獲得突破，人工智慧產品及服務的成本就能得到有效控制，普及程序將會進一步加快。

未來的人工智慧市場格局將會是老牌大廠與快速崛起的初創企業共舞，確實 Google、微軟等大廠在資源方面具備明顯優勢，但這絕非意味著創業者已經喪失了發展機遇。

正如上文中指出的，人工智慧時代序幕悄然拉開的局面下，無論是面向大眾的人工智慧產品，還是服務於專業領域的人工智慧產品，都將按照以「底層—中層—頂層」的技術及產品架構為基礎的生態圈模式不斷向前發展。

其中，底層是由運算平臺及資料中心建構的基礎資源支撐層；中層則是以各種類型的演算法形成的模型為核心的人工智慧技術層；頂層則是藉助於中層的人工智慧技術，為使用者提供相關產品及服務的人工智慧應用層。

這個架構中的每一層都可以細分出很多的領域，最終形成了以人工智慧技術為核心的龐大的產業鏈。不難想像，如果人工智慧技術獲得實質性突破，很有可能會創造出新的需求及商業模式，屆時占得市場先機的企業從中獲取的商業價值將會是一個天文數字。

4.2.4
AlphaGo 擊敗李世乭背後的技術與演算法

從 2016 年 3 月 9 日到 15 日，一場圍棋大戰將全世界的目光聚焦到了韓國首爾。究其原因，是對戰的雙方是世界圍棋冠軍李世乭和 Google 研發的圍棋人工智慧程式 AlphaGo。最終，AlphaGo 以近乎完美的表現 4 比 1 擊敗了李世乭。

這場在人工智慧史上具有里程碑意義的圍棋比賽，讓人工智慧更廣泛的走入了大眾視線，也引發了各方對人工智慧這一越來越熱門的科技領域的探討。

◆AlphaGo 簡介

AlphaGo 是 Google 旗下的 DeepMind 團隊開發的一款人機對弈的圍棋程式。這款程式的棋藝並非開發者預先教給它的，而是「自學成才」，這也是其引人矚目的一個重要原因。

人工智慧最初發展的一個重要方向是遊戲，特別是圍棋、象棋這類博弈遊戲，要求人工智慧程式能夠高度模擬人類大腦的思考方式，更「聰明」、更「靈活」。1997 年，IBM 研發的深藍電腦擊敗了西洋棋冠軍卡斯帕洛夫（Kasparov），這是人工智慧首次戰勝人類棋手；之後 20 多年人工智慧程式雖然在很多智力遊戲中都有過戰勝人類的例子，但唯獨在圍棋領

域難以擊敗人類。這種情況一直持續到 2015 年 AlphaGo 戰勝歐洲圍棋冠軍才得以改變。

人工智慧在圍棋領域舉步維艱主要有三方面的原因：其一，與其他博弈類遊戲相比，圍棋擁有更多的可能性，每一步的走法都很多，僅棋手起手時就有 361（19×19）種落子選擇，在 150 回合的一整局中更是會出現多達 10,170 種可能；其二，圍棋的落子選擇更多的是依靠基於經驗累積的直覺，很難建立可以依之而行的選擇模型；其三，圍棋棋局的特點也使人工智慧程式很難分辨當下棋局的優勢方與弱勢方。

圍棋挑戰被稱為人工智慧領域的「阿波羅計畫」。正因如此，AlphaGo 戰勝世界圍棋冠軍才具有了里程碑式的意義。不過，AlphaGo 程式的設計者並不是棋藝超群的人，而是一群傑出的機器學習領域的專家，他們只須懂得圍棋的基本規則，然後利用神經網路演算法將專業圍棋比賽紀錄輸入給 AlphaGo，讓該程式自己與自己比賽，透過這種方式累積棋藝。從這個角度來看，AlphaGo 的棋藝不是開發者教的，而是「自學成才」的。

◆AlphaGo 的運作原理

AlphaGo 的兩個神經網路 —— 大腦策略網路和估值網路，這是其能夠像人類棋手一樣判斷當前局面並推斷未來局面的關鍵所在。同時再結合蒙地卡羅樹搜尋演算法，AlphaGo 便可以完成下棋。

在與李世乭對戰之前，Google 首先藉助以往人類對弈的近 3,000 萬種走法對 AlphaGo 的神經網路進行訓練，使其能夠對人類專業棋手的落子選擇進行預判；然後又讓 AlphaGo 自己與自己對弈，以此累積大量的全新棋譜，有效應對棋局中的各種變化。Google 工程師曾宣稱，AlphaGo 每天甚至可以嘗試百萬量級的走法。

在具體對戰過程中，AlphaGo 的任務是根據當下棋局不斷「挑選」出較有前途的走法，拋棄明顯較差的棋步，從而將運算量控制在可以完成的範圍。這種下棋邏輯與人類棋手在本質上是一致的。

◆蒙地卡羅搜尋樹演算法

蒙地卡羅搜尋樹演算法被廣泛應用於科學和工程研究的演算法模擬中，可以將其通俗的解釋為：從一個裝有 1,000 個蘋果的籃子中挑選出一個最大的，每次只能閉著眼睛拿出一個，但不限制挑選次數。那麼接下來的場景就是，人們首先隨機拿了一個，然後將第二次隨機拿到的蘋果與第一個比較，留下大的之後繼續隨機挑選，與手中的比較之後仍是留下大的，如此循環往復，挑選的次數越多，拿到最大蘋果的可能性也越大。不過，只有將 1,000 個蘋果都拿起了一遍，才能真正確定留下來的是最大的。

包括深藍電腦在內的傳統棋類軟體都是採用暴力搜尋演算法，即首先將每一個可能結果都納入搜尋樹中，然後根據需求從搜尋樹中遍歷搜尋。如果說這種方法在象棋、跳棋等領域還有一定的可行性，那麼在圍棋領域就很難實現，因為圍棋橫豎各 19 條線使落子具有了更多的可能性，而這些大量的選擇是電腦建構的搜尋樹無法完全包含的，這就是為何人工智慧程式很難戰勝人類棋手。

AlphaGo 則藉助蒙地卡羅搜尋樹演算法有效解決了這一問題。透過深度學習，AlphaGo 大大降低了搜尋樹的複雜性和搜尋空間的範圍。上面已經提到，AlphaGo 有策略網路和估值網路兩個神經網路，前者負責生成落子策略，後者負責搜尋出「勝率」較大的落子位置。

在下棋過程中，策略網路指揮電腦搜尋出人類高手可能落子的位置，即它不是考慮自己如何去落子，而是根據當前的棋盤狀態「想像」人類高

手下一步將會怎麼走，找到最符合人類思維的幾種落子位置。

不過，策略網路找到了人類高手的幾種走法以後，並不能判斷自己走出的這一步棋到底好不好，這時就需要估值網路根據各種走法評估整個棋盤的情況，然後確定一個更有可能獲勝的落子位置。

策略網路和估值網路的這種下棋過程會回饋到蒙地卡羅樹搜尋演算法中，並透過無數次重複上述過程找到「勝率」最高的落子方式。顯然，這種搜尋演算法不需要像暴力搜尋演算法那樣從搜尋樹中遍歷搜尋，而只需要策略網路從「勝率」較高的地方繼續推演即可，從而可以直接放棄某些路線，降低了搜尋樹的複雜性。

藉助策略網路和估值網路兩個工具，AlphaGo 便可以像人類棋手那樣判斷當前棋局，並對未來局面進行推演，從而搜尋出每次落子的最佳策略。比如，透過蒙地卡羅樹搜尋演算法推演出未來 20 步的棋局，AlphaGo 便可據此選擇更有勝算的位置落子。

◆ 人工智慧會對人類造成威脅嗎？

人工智慧技術是對人類認知能力的延伸，能夠幫助甚至替代人類完成一些工作，是解決問題的強大工具。不過，即使 AlphaGo 戰勝了人類棋手，但人工智慧在整體發展上仍然處於早期起步階段，諸多技術性瓶頸仍有待突破，還遠未到威脅人類的程度。

AlphaGo 與以往人工智慧程式的不同之處在於不是透過手寫指令去完成每項任務，而是讓電腦知道怎樣完成目標並透過大量練習累積豐富的經驗，以此提高成功率。因此，AlphaGo 成功的祕訣是具有深度學習能力，即藉助深度神經網路（策略網路和價值網路）模擬人腦的運作機制，從而像人類那樣去學習、判斷和決策。

　　這種深度學習方法已成為近些年及未來人工智慧研發的熱門方向，並已被應用到人臉辨識、語音辨識等眾多領域。正因如此，AlphaGo 戰勝人類棋手才被業界認為是人工智慧發展的重要里程碑。

　　AlphaGo 的一些搜尋演算法機理可以應用到其他領域去解決一些對抗性問題，如未來的商業和金融交易，或者城市交通管理等。不過，與圍棋相比，城市交通管理這類問題要複雜得多。圍棋的資料結構是固定的、統一的，而城市堵塞狀況等社會生活中的很多資料結構卻是非結構性的、不統一的。當前來看，要讓電腦從這些非結構資料中獲取知識是十分困難的，需要更高的「智慧化」水準和學習能力。

4.3
產品商業化：人機共融時代的商業新形態

產品崛起：人工智慧的商業化應用

隨著人工智慧走上工作職位，很多人都在擔心隨著人工智慧的發展，有一天自己是否會失業。部分工種失業是人工智慧發展的必然結果，比如搬運工人、噴漆工等，但是這些工種的工人可以轉向其他的領域繼續發光發熱，比如服務業等。還有的人會擔心人身安全會受到人工智慧的威脅，其實只要做好人工智慧的管控工作，這一點不用擔心。

事實上，相對於擔憂，人們對人工智慧的喜愛程度更高。以 Prisma —— 人工智慧繪圖應用程式為例，這款 APP 能將照片、圖片繪製成油畫，繪製效果宛如名畫，且操作過程非常簡單。使用者只需要上傳圖片，選擇濾鏡風格，該 APP 就能利用人工智慧演算法自動繪圖，這個過程僅需幾秒。這麼一款有趣、好玩的 APP 一上線就受到了使用者的熱烈追捧。

此外，2015 年 10 月推出的帶有自動駕駛功能的特斯拉電動汽車，藉助前置攝影鏡頭、超音波感測器、遠距離雷達和 7.0 版本的韌體，讓汽車具有了自動駕駛功能，能夠掃描前方的行駛環境、對車身周圍的環境進行自動檢查、對交通號誌燈進行辨識，還能自動轉向、急停、變道、停車。影片一經傳出就受到了網友的熱議，人工智慧技術也受到了網友的熱烈追捧。

由於人工智慧技術尚不成熟，特斯拉自動駕駛汽車產生了很多交通事

故，自動駕駛功能被很多國家明令禁止，但是這並不能否定特斯拉自動駕駛汽車所帶來的轟動效應，更不能否定人們對人工智慧技術的喜愛和追捧。

相較於距離人們生活較遠的自動駕駛汽車來說，微軟開發的一款人工智慧應用 —— 微軟小冰可以說是觸手可及。2014 年，微軟推出了一款人工智慧伴侶虛擬機器人，相較於其他的人工智慧機器人來說，這款機器人有一個很大的特點，它能被任何一個使用者領養，且領養的小冰具有不同的特點。

使用者領養了小冰之後，可以替她取一個自己心儀的名字，向她講故事，和她聊天，在需要她的時候透過跨 APP 的介面她就能出現，幫助使用者解決問題。比如在出門移動的時候，可以呼喚小冰來提供交通指南等。更令使用者滿意的是，工程師每個星期都會賦予小冰一項新技能，隨著時間的流逝，小冰掌握的技能會越來越多，會慢慢的陪著使用者一起成長。

現下，在軍事和民用領域，無人機都有了一定的應用。但現在的無人機都需要人為操控，難以實現自主飛行。

假如人工智慧技術能在無人機領域得以應用，送貨、取貨等服務都將實現智慧化。比如，利用無人機送貨上門，一位使用者取走自己的貨物之後，無人機會自動搜尋下一個使用者的位置，省卻了人工配送服務。如果在配送的過程中，使用者沒有在預先提供的位置，就可以臨時提供給店家一個地址，店家會向無人機發出指令，讓無人機更改送貨路線，將貨物送到使用者手中。

如果無人機配送貨物的想法能夠實現，物流配送的人工成本將大幅減少，貨物的配送效率也將得以大幅提升。但是要實現這個想法，必須將感知與規劃功能附加在無人機上。因此，如今城市中高樓林立，無人機在飛

行的過程中會經常遇到障礙，為了避免飛行事故的發生，無人機必須具備視覺功能，能在不確定環境下規劃飛行路線。此外，為了防止誤投等現象的出現，無人機還必須具備人臉辨識功能。這些功能的實現都離不開人工智慧技術的應用。

隨著蒸汽機的出現，以蒸汽機為動力的機械裝置被製造了出來，引發了第一次工業革命；隨著電力的出現，以電力為驅動的大規模生產實現了，引發了第二次工業革命；隨著電子和 IT 技術的出現，自動化實現了，引發了第三次工業革命。現如今，隨著人工智慧的出現及推廣應用，第四次工業革命正朝著我們走來。

德國政府提出的「工業 4.0」策略在全世界引起了軒然大波，在這個高科技策略計畫中，集中式控制模式轉向了分散式增強型控制模式，以建構一個靈活性強、極具個性化和數位化特徵的生產模式。屆時，傳統的產業界限將消失，各種新的合作形式將被創造出來。現如今，新價值的創造過程正在逐漸改變，產業鏈分工將實現重組。

由此可見，工業 4.0 所涉及的內容涵蓋了很多智慧技術的應用，這些領域都屬於人工智慧技術的研究範疇。

4.3.2
智慧升級：智慧家居與 O2O 的進化

在「萬物互聯」時代，要想解決生活領域的眾多需求痛點，建構適應性強、資源利用效率高的智慧工廠，建構配送更加方便、快捷的物流體系，都必須解決智慧化程度不足帶來的難題，該難題的解決完全依賴人工智慧。由此可見，未來，在 IT 領域，人工智慧將成為支柱技術，眾多 IT 焦點問題和關鍵問題都將依賴人工智慧進行解決。

比如：隨著社會的發展，人們的生活節奏越來越快，空閒時間大多被工作、休閒、社交、娛樂等充斥，使得整理家務的時間越來越少。據調查，每個家庭都會出現食物浪費現象，年均浪費食物 176 次。70% 的家庭認為，食物浪費的主要原因是一次性購買的食物太多，放進冰箱之後忘記食用。在這樣的情況下，我們就需要一款智慧冰箱來提醒我們該如何減少食物浪費。

智慧冰箱的作用有很多，簡單的有：自行處理過期食品、採購新鮮食物、科學合理的安排放置食物、減少食物浪費現象、根據主人需求制定食譜、判斷食材的新鮮程度並調整其放置次序等等。另外，智慧冰箱還能對主人食品搭配的科學性進行分析，幫助主人製作食譜，提醒主人要補充的食材類型。在和生鮮電商聯網的狀態下，智慧冰箱還能完成食品的自動採購，讓食品送貨上門。

當然，這些功能的實現離不開自動辨識技術。智慧冰箱藉助於自動辨識技術對圖像進行自動採集以獲取食材的圖片資訊，之後藉助圖像辨識演算法將具體的食品轉化為資訊列表。對於這些功能的實現來說，如何藉助圖像辨識技術對食品種類進行判斷是關鍵。

由此可見，使用者對於智慧家居的需求是存在痛點的，這個痛點的解決需要技術支撐。如果這些技術方面的問題得不到有效解決，智慧家居的打造永遠都難以實現。透過智慧冰箱的打造我們知道，解決這些技術難題的不二法門就是人工智慧的應用。

另外，在傳統的消費環境下，如果想請朋友吃飯，不是根據以往經驗選擇一家餐廳，就是根據朋友推薦選擇餐廳，最糟糕的情況就是隨便選擇一家餐廳。並且，有的時候還會遇到餐廳爆滿、預約失效等情況的出現。

而在 O2O 模式下，請朋友吃飯，選擇餐廳、預約餐廳會變得輕而易舉。

　　首先，你只需要開啟一款應用軟體，軟體會自動定位，定位之後你就可以輸入你的需求，比如：我要找一家中式餐廳或者西式餐廳，在指定時間和朋友一起吃飯，人數是多少，每人平均消費價格是怎樣的。應用軟體會根據你的需求自動搜尋附近的餐廳，將搜尋出來的餐廳資訊整理成列表展示在你的手機上，供你挑選。之後你就可以根據自己或者朋友的喜好，綜合考慮菜品、價格、環境、位置、評價等多種因素之後做出最終選擇。

　　在確定了餐廳之後，你就可以和該餐廳的服務人員進行溝通，付訂金預約。屆時，你就可以透過語言控制將餐廳的預約資訊傳送給朋友。快到赴約時間的時候，應用軟體還會提醒你該赴約了，並且還會為你提供語音導航服務。

　　在傳統的消費環境下，消費者和店家之間的資訊是不對稱的。而 O2O 模式的出現，將店家和消費者相連起來，讓資訊能夠順暢的流通，解決了諸多資訊不對稱帶來的問題。對於店家來說，位置的劣勢消除了，並且吸引來了更多的消費者；對於消費者來說，足不出戶就能搜尋到美食、優質的服務，生活更加便捷、高效能。

　　對於 O2O 來說，消費者的最大訴求就是獲得高效能、優質的資訊檢索服務；店家的最大訴求就是獲得源源不斷的消費者，這一訴求的實現依賴於消費者訴求的滿足，依賴於後期高效能的客戶管理。

　　O2O 商業模式對傳統產業產生了極大的顛覆作用，為人們提供了諸多便利。但是，就目前的狀態而言，O2O 模式似乎有所停滯。眾多預訂網站、地圖導航網站、優惠券網站為人們提供了豐富的資訊，但是人們卻很難透過行動搜尋引擎將這些資訊檢索出來，使得消費者難以快捷的查詢到優惠服務。

總之，未來，O2O 模式會成為一個集語音辨識、搜尋引擎、預訂服務、自然語言解析、評論資訊聚合、CRM、地圖導航、NFC 等功能於一身的服務平臺。目前，對於 O2O 來說，最關鍵的技術問題就是自然語言的解析無法實現。該問題的解決也離不開人工智慧技術。

4.3.3
創業法則：如何掘金人工智慧領域？

雖然 2015 年霍金、伊隆·馬斯克、德米斯·哈薩比斯（Demis Hassabis）等多個領域的大人物，對人工智慧可能會對人類帶來的負面影響表示了深深的憂慮。但這並不能阻止創業者及資本大廠對該領域的強大熱情，進入 2016 年後，人工智慧儼然已經成為了一大熱門創業領域。雖然人工智慧並非是一個新鮮的概念，自進入 21 世紀後每隔幾年都會掀起一股熱潮，但以往更多的是「雷聲大、雨點小」，但這次創業者們已經真正行動起來。

人工智慧自出現以來就是電腦科學界的尖端領域，2016 年發表的世界經濟論壇報告中，人工智慧更是被視為第四次工業革命的核心技術代表，並在全世界掀起了一股熱衷智慧創業及投資熱潮。對於人工智慧領域的從業者而言，產業開始崛起固然是一件好事，但他們面臨的最為現實的問題就是，怎樣才能透過人工智慧創造商業價值？

要明白人工智慧創業者及投資機構為何會對該領域有如此大的熱情，我們首先需要對人工智慧的發展歷程有一個簡單的了解。與近兩年實現快速崛起的虛擬實境技術一樣，人工智慧技術也不是最近幾年剛誕生的新技術，而是經歷了長達幾十年的發展期。整體來看，我們可以將人工智慧的發展階段劃分為苦行期與成長期。

人工智慧首次成長期是 1960 時代，當時科學家在諸多領域獲得重大

突破，這使得他們在充滿自信的同時，又十分的瘋狂，比如當時很多科學家普遍認為未來 20 年內人工智慧將能夠代替人類完成所有的工作。

除了兩個成長期以外，人工智慧自誕生至今，都在經歷苦行期。1970年代，人工智慧領域的研究程序遠遠未達到預期水準，不僅科學家喪失了熱情，提供科學研究經費的財團也相繼撤資，1980 年代及 21 世紀初期都是如此。

雖然人工智慧在經歷一個個苦行期，但仍有一些科學研究人才對這一領域的研究投入了龐大的時間與精力，由此創造出了控制論、神經網路、模態邏輯、Prolog 語言、新邏輯學、專家系統、嵌入式推理等科學研究成果，這對於人工智慧技術的整體發展產生了強大的推動作用。

如今，人工智慧又將迎來一段新的成長期，以語音辨識、圖像辨識、深度學習為代表的人工智慧核心演算法逐漸成熟，並開始進入大規模商業化應用階段。更為關鍵的是，人工智慧技術的主力軍不再是科學研究機構，而是以 Google、微軟為代表的科技公司。

從媒體的報導及人工智慧研發企業的發言中，我們可以了解到現階段的人工智慧有了更多的商業化色彩，初創企業及科技大廠研究人工智慧技術的初衷就是為了透過其創造商業價值，這也預示著人工智慧將會逐漸走出象牙塔，從而成為一種距離人們現實生活更近的實用技術。

此外，投資機構對於人工智慧的投資熱情同樣十分高漲。

事實上，對於人工智慧的發展前景，部分投資人並不認可，一些科學家也呼籲相關從業者對人工智慧的商業化應用應該慎重。從創業者本身的角度來看，其掌握的人工智慧核心技術與科技大廠相比存在明顯差距，最具代表性的案例就是創業公司對圖像辨識的準確率可能僅有 80%，而科技大廠們卻可以將這一數字提升至 99%。

　　創業公司是透過價值變現來累積資金從而對自己的技術進行完善，還是搭上人工智慧的快車吸引投資方關注？我們可以從道（策略）與術（戰術）兩個層面進行分析：

　　策略代表了一個創業者的大局觀，對於人工智慧的策略來說最為關鍵的就是借力人工智慧後是否能真正創造價值，這是決定創業企業能否在激勵的競爭中生存下來的關鍵所在，也是一個產業良性發展的重要象徵。比如，透過人工智慧技術提升了產品附加價值、降低了企業生產成本等。

　　戰術則展現了創業者實施創業項目的方法論，人工智慧可以探索的細分領域十分多元化，但就目前的市場環境而言，很多領域並不適合人工智慧創業。比如，缺乏足夠的使用者資料、目標族群規模過小等。

　　從實踐來看，人工智慧創業讓很多缺乏理智的創業者遭受了重大打擊。最應該引以為戒的教訓主要包括兩種：其一，將人工智慧作為一種噱頭，忽略使用者族群的真實需求，比如虹膜辨識支付等。其二，對人工智慧過度炒作，在實際的產品及服務方面做得卻相當有限。比如，在微軟的Tay、蘋果的 Siri 等機器人崛起後，很多創業公司紛紛推出自己的機器人產品，並對其進行大肆渲染，甚至將其包裝成為人類的情感伴侶，但真實的產品體驗卻讓人相當不滿意，在不少消費者心中留下了負面印象。

　　部分人工智慧領域的專家認為，人工智慧創業可以嘗試從兩個方向切入，其一是尋找一個還未迎來爆發期的核心技術，比如語音辨識；其二是選擇自己比較擅長的領域，並透過人工智慧技術來解決某一領域的痛點。

　　對於創業者而言，在考慮這些所謂的專家指導之前，首先需要明確以下四個問題的答案：

▶ 人工智慧在開放型的消費場景中能否發揮作用？

▶ 如何定義人工智慧與人類的關係？

▶ 如何合法而且低成本的獲取使用者資料？

▶ 如何為核心演算法設定容錯方案？

因為這四個問題中的一個或多個得不到有效解決，而走向失敗的人工智慧創業專案不計其數，比如遇到颱風、下雨等特殊天氣時就不能正常工作的無人機等。這些問題能否解決直接影響著創業專案的發展前景，以及能否真正完成價值變現。

4.3.4
盈利路徑：新創企業如何商業變現？

實踐證明，具備良好發展前景的人工智慧創業專案具有三個共同的特徵：能夠真正落實的切入點、能夠應用在封閉可控的消費場景中、協助人類完成重複性的工作。一個領域具備了這些特點，才能稱得上是具備良好的發展前景，不過值得創業者慶幸的是，符合這三種特徵的細分領域有很多。

對於電商平臺而言，客服人員是不可缺少的存在。如果我們對客服人員的日常工作進行分析，很容易發現其中存在著大量的重複工作，比如產品價格、是否發貨、是否支援退換貨等，客服人員每天要在這種問題上浪費大量的時間與精力，對於店鋪也意味著要承擔更多的人事成本。

目前，許多電商大廠已經嘗試引入人工智慧客服系統，來幫助店家降低營運成本。

　　金融、醫療等領域的人工智慧產業也具備著良好的發展前景。以金融產業為例，對於企業而言，固然很多管理者願意為頂級的財經分析師支付較高的薪水，但這種人才相當稀缺，股權激勵制度的引入也使得挖角的難度大幅度增加，而如果能夠藉助人工智慧對大量的資料進行分析及處理，從而制定出更加合理、風險更低的資產配置方案，不但能夠解決企業的人才短缺問題，而且能夠有效提升使用者體驗。

　　人工智慧確實存在著廣闊的想像空間，但那些真正想要在該領域長期生存的時代弄潮兒並不希望用一個長期難以落實的創業專案，來影響投資機構對自己的印象。不妨思考一下，從 1990 年代發展而來的網際網路大廠們有幾個能夠想像出如今的網際網路產業發展現狀？它們的選擇主要就是先找一個能夠變現的領域維持生存，在不斷的發展中集聚能量，從而抓住時代機遇成功崛起，這種邏輯對於人工智慧領域同樣適用。

　　人工智慧絕不是一個可以在短期內走向成熟的產業，創業者們很難憑藉著一腔熱血與夢想在激烈而殘酷的市場競爭中存活下來，最為合理的路徑就是尋找到合理的變現模式逐漸向前發展，這既能給予自己奮鬥的信心與勇氣，也能夠贏得投資方的認可。

4.4
微軟小冰：基於社交平臺的商業解決方案

4.4.1
微軟小冰背後的商業應用與邏輯

在社交媒體逐漸成為人們生活重要組成部分的背景下，越來越多的企業開始透過 Facebook 等社交媒體平臺進行行銷推廣。但很多企業憧憬著擁有億級使用者流量的社交媒體平臺為其帶來大量的新使用者時，卻發現現實絕非如此。

首先，社交媒體平臺營運需要投入大量的時間及資源，即使每天能看到粉絲數量在不斷增加，但對於實際的營收卻沒有看不到明顯的報酬，距離自己憧憬的提升品牌影響力的預期也有很大出入。其次，即使是有專業的團隊負責營運，粉絲數量也能達到一定的規模，但在內容方面卻相當難以掌握，如果推送了太多的商業資訊，會影響粉絲體驗甚至被粉絲封鎖，反之則不能達到行銷目的。最後，社交媒體行銷為店家創造的價值相對不足，導致店家缺乏積極性，最終名存實亡。

那麼，企業究竟應該如何透過社交媒體行銷來引入更多的使用者流量，提升產品銷量及品牌影響力呢？近年來，成為一大焦點的人工智慧或許可以為我們提供一個行之有效的落實方案。

如果企業能夠藉助人工智慧在為目標使用者族群提供客製化行銷推廣的同時，還可以讓企業實現即時高效能的一對多交流互動，這必然能夠為企業創造龐大的商業報酬。

　　以前，不少企業曾經推出過商業化的人工智慧產品及服務，但使用者在這種毫無感情的機械式產品並沒有獲得良好的使用者體驗，甚至很多人認為企業缺乏誠意、不尊重消費者，從而對企業的品牌想像產生了負面影響。

　　2015 年 8 月，微軟小冰商業平臺解決方案正式登場（如圖 4-3 所示）。作為一款情感聊天機器人的微軟小冰實現商業化後，在吸引社會各界廣泛關注的同時，更為諸多人工智慧企業實現產品的商業化應用提供了借鑑經驗。

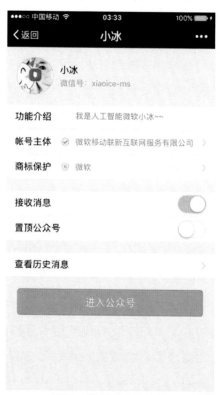

圖 4-3 微軟小冰公眾號

在微軟以人臉辨識、大數據、雲端運算、物聯網等高科技技術的基礎上研發出的微軟小冰除了能夠充分滿足社交營運需求外，還能對企業品牌進行包裝並引導目標族群進行傳播推廣，良好的傳播性與趣味性使得消費者可以獲得優質的服務體驗。

當企業將社交媒體帳號與微軟小冰綁定後，就可以為使用者提供 $7×24$ 小時的聊天服務，而且使用者可以與微軟小冰交流的話題相當廣泛。微軟小冰具備著十分多元的特色技能，當使用者與微軟小冰進入某種聊天語境，比如情感問題時，微軟小冰的相關技能模式就會被啟用，從而幫助使用者解決情感方面的問題。

除了最為基礎的聊天服務外，企業可以對文字資訊及語音資訊的關鍵字進行設定，從而使微軟小冰與使用者的交流互動更為專業、更具針對性。當使用者向微軟小冰諮詢企業的相關資訊時，一旦涉及到企業設定的關鍵字，微軟小冰就會迅速從幽默搞怪的少女轉變為知識豐富的企業管家，從而向消費者推送相關資訊。這不但有效節約了人力成本，而且能夠有效提升使用者服務體驗。

4.4.2
基於社交平臺的智慧化管理服務

對於人工智慧產品，人們已經從最初的震撼逐漸歸於平淡，雖然很多人工智慧產品能夠與人們進行交流，並協助人們完成一些工作，但經過一段時間的了解後，人們逐漸發現這些人工智慧產品在理解能力方面著實有限，而且一味的機械式回答也讓人們很難體驗到樂趣。

而微軟小冰商業解決方案出現後，直接顛覆了很多使用者對於人工智慧產品的認知。微軟小冰讓使用者感受到了其強大的文字交流能力，由科

技大廠微軟提供強大技術支撐的微軟小冰，本身就被定義成為一個基本對話產品。它活潑親切，與當下的時尚潮流十分契合，從而可以與使用者更好的進行交流溝通，幫助企業提升品牌影響力。

當使用者諮詢相關資訊時，微軟小冰會將關鍵字與自身的資料庫進行配對，並以輕鬆幽默的語氣快速為使用者提供精準答案。這種人性化的交流方式，有助於企業向消費者傳遞更多的資訊，從而提升轉化率。

微軟將其在產業內具有絕對領先優勢的語音對話及語音辨識技術融入到了微軟小冰中。在與使用者進行語音交流時，微軟小冰和人類的聲音幾乎沒有太大的差異，透過語音聊天過程中的關鍵字配對，微軟小冰可以精準回覆並向使用者推送相關資訊。

體驗過與微軟小冰進行交流互動的使用者，可以發現讓自己留下最為深刻的印象的就是微軟小冰基於圖像辨識技術而具備的豐富的技能。微軟小冰以人臉辨識技術為核心的圖像類技能，也是其幫助企業進行品牌傳播的有效工具；該項技能則在讓微軟小冰滿足使用者社交需求的同時，悄無聲息的將企業的品牌資訊新增到體驗環節中，從而幫助企業進行行銷推廣。

如今，社交媒體營運讓很多的企業管理者感到十分頭疼，先不考慮傳播效果及價值報酬，在人力成本及時間成本上的投入，就讓管理者感到相當痛苦。假設一個企業開通了社交平臺帳號，其在營運時至少需要完成以下任務：用 2 個小時的時間來蒐集整理資料並將其推薦給目標族群；用 2 小時的時間對尚未回覆的粉絲問題進行集中回覆；用 2 ～ 3 小時的時間和使用者進行即時互動。

除了這三點外，還要進行平臺輿論動態監督、對平臺活動進行策劃、分析如何利用熱門新聞等。在帳號營運方面就耗費了如此多的時間與精

力，很容易讓營運者感到身心俱疲。

　　而且當企業對業務範圍進行拓展時，便會造成投入成本的進一步增加，而且為了對使用者族群進行精準細分，還需要開設新帳號，從而對目標族群進行有效管理，這必然會對營運者的行銷策劃能力及服務水準提出更大的挑戰。而這些問題藉助於微軟小冰提供的商業解決方案都能夠得到很好的解決。

　　當企業將社交平臺帳號與微軟小冰綁定後，帳號中出現的資料資訊會在微軟小冰平臺中即時更新，不需要營運者進行一系列的複雜操作來同步資訊，營運者與粉絲進行的交流互動、粉絲留言等都能夠透過微軟小冰進行集中管理。

　　透過微軟小冰，營運者可以輕易實現在主流媒體平臺的同步營運。無論是營運效果，還是營運成本，微軟小冰都擁有強大的領先優勢。

　　藉助於微軟小冰的商業解決方案，企業可以對自身在同一個平臺中的帳號進行切換。當社會中出現熱門新聞事件時，營運者可以透過藉助為微軟小冰進行關鍵字調整等方式，從而及時的在社交媒體中對使用者互動進行引導。

　　這種方便快捷的智慧行銷管理服務，在讓營運者降低時間與資金成本消耗的同時，能夠讓企業的行銷推廣更有科技感，更容易吸引使用者追蹤，從而讓企業實現口碑傳播。

4.4.3
為企業商家提供精準化行銷推廣

　　2016 年 8 月，微軟網際網路工程師正式宣布微軟第四代人工智慧微軟小冰正式上線。與此同時，微軟還為企業提供了微軟小冰商業平臺解決方

案，它能夠在結合市場發展趨勢及目標族群特徵的基礎上，極大的滿足企業級客戶的社會化行銷營運需求。

此外，微軟小冰十分重視使用者服務體驗，透過各種先進的智慧化及自動化技術為廣大消費者提供優質服務。

比如，微軟小冰擁有的意圖辨識引擎技術，可以利用對使用者關鍵字的解讀及語境分析，從與使用者進行交流互動的過程中，了解他們的真實需求，從而更為精準的進行行銷推廣。不難想像，隨著微軟在人工智慧技術領域的不斷突破，未來使用者只需要與微軟小冰進行交流，就能夠獲得自己需要的各種資訊，而企業級客戶藉此可以將自己的產品及品牌資訊精準高效能的傳遞給目標使用者族群。

其實，不僅是企業級客戶，網紅、自媒體、網路商店營運者等，也可以透過微軟小冰實現社交媒體帳號的智慧化及自動化營運。當人們將自己的社交媒體帳號與微軟小冰綁定後，就可以讓微軟小冰代替自己與粉絲進行交流互動，並且對資料資訊進行自動處理，協助人們制定各類線上及線下活動等。

據微軟網際網路工程師表示，未來微軟小冰將具備素材自動生成功能，現階段的人工智慧產品更多的是停留在簡單的素材整理方面，而未來的微軟小冰將根據現有素材及使用者的互動資訊，自動發掘出使用者感興趣的內容，從而幫助帳號營運方節省大量的時間與精力。

此外，微軟小冰的「客服平臺」實現了對人工客服及人工智慧資源的高度整合，可以讓客服人員與目標族群實現無縫對接，降低人工成本、提高行銷效率。而且客服人員不用受到工作地點與辦公工具的限制，使用微軟小冰的商業平臺解決方案後，就能夠透過隨身攜帶的智慧型手機為廣大使用者解決各種問題。

不難想像，當我們透過企業的社交媒體帳號諮詢相關資訊時，發現有一個活潑、幽默、可愛的微軟小冰在為你答疑解惑，而且對你的需求有著深入的了解，誰又能拒絕她為自己推送的行銷資訊呢？

第 5 章

人工智慧＋：一場醞釀已久的產業大變革

5.1
人工智慧＋製造：傳統製造走向「智慧製造」

5.1.1
新技術革命重塑全球製造業格局

　　價格作為產品資訊的重要提示因素，在市場化營運過程中發揮著非常重要的作用，不過在資訊傳遞過程中，時常會發生資訊不對稱的問題，因此，市場經濟在其營運過程中會顯露出很多弊端。

　　面對正在興起的技術革新浪潮，各個國家採取了不同的應對措施，但他們之間的共同點是，各國都積極引進先進技術，鼓勵並支持新興產業的發展，為此，眾多參與者紛紛著手改革傳統資源配置及生產組織體系。

　　新興革命浪潮的特徵集中展現為如下兩方面：一方面，在生產過程中採用機器人代替人工；另一方面，在生產過程中發揮資訊科技與大數據的作用。

　　首先來分析第一方面，即在生產過程中採用機器代替人工：

　　相對於直接的生產方式，資本則展現出明顯的迂迴特性。技術革命同樣如此。迂迴特性展現在所有生產方式改革程序中，能夠透過技術革新減輕工人承擔的壓力，提高其工作安全性，不過其改革缺陷也同樣明顯，即大量機器化生產代替人工，造成大批工人失業。

　　「世界鋼鐵大王」安德魯‧卡內基（Andrew Carnegie）小時候的生活就受到產業革命的嚴重影響。在產業化革命尚未波及蘇格蘭之前，卡內基的父母在當地的家庭紡織小工廠工作，可保障全家人的無憂生活。

　　但隨著工業革命的展開，珍妮紡紗機逐漸代替了傳統的人工勞作，其

父母的家庭小工廠關門倒閉。所以，童年時期的卡內基迫於生存壓力，只能到其他地方找出路。這個事例足以說明產業革命對大眾平民帶來的負面影響。

馬克思（Marx）在對社會化大生產進行分析時曾揭示，機器取代人工，致使很多人面臨生存問題，與此同時，也創造了大規模的廉價勞動力資源，可為社會化生產提供支援。從這個角度來說，普通工人失業似乎是技術革命注定的結果之一。

不過，卡內基童年受到的負面影響，並不足以說明技術革新對勞動力帶來的全部作用。從工業革命之後世界各國的勞動力市場發展情況來看，雖然隨著先進技術的應用，機器生產在一定程度上取代了人工勞作，但所有國家的失業率都維持在有效控制範圍內。也就說，從宏觀角度來分析，技術革新沒有導致失業率提高。

原因在於，雖然技術革新能夠摧毀傳統的經濟發展模式，淘汰一部分跟不上時代進步需求的企業，但同時也會提高對人力資源的需求。技術革新使人們的經濟收入水準及消費水準有所上升，進而促使市場需求擴大，而大規模生產需要更多勞動力的支援。

換句話說，勞動力是資本生產中不可或缺的因素，且隨著技術的進步，資本生產對勞動力的素養也提出更高要求。所以，勞動力成本的變化仍然能夠對全世界的貿易發展及經濟布局產生關鍵影響。

但是，與以往的工業革命相比，現如今的技術革新，為勞動力市場帶來的影響已經呈現出許多差異化特徵，也催生了許多新問題。

在新一輪的技術革命下，機器生產代替人工勞動逐漸成為在眾多產業發生的普遍現象。從宏觀發展的角度來分析，自動化機械生產是一種不可阻擋的大潮。也就是說，勞動力因素對國際產業布局的影響會有所降低。

在這裡須強調的一點是，以往工業革命的發生在影響方面存在的一個共同點是，在工業革命下產生的新興產業，會對勞動力產生明顯需求，因為無論是什麼類型的產業，在營運及發展過程中都離不開勞動力的支援。在傳統模式下，勞動密集型產業與資本密集型產業之間存在明確的界限。

如果工人能夠快速接受並熟悉新技術，是不會失業的，相反，他們將獲得更高的報酬。但是，現如今的技術革新在其影響方面已經呈現出全新的特徵，機器人代替傳統的人工勞作，會使傳統模式下的勞動密集型產業也趨向於更加注重資本。

舉例來說，傳統製造業多為勞動力密集型，比如紡織服裝企業，以往在工廠中埋頭工作的員工，現在都可能被機器人替代；再比如說對勞動力需求明顯的服務業，包括餐飲業等，櫃檯的服務人員、上菜的侍者、乃至後廚、會計等都可能成為機器人。也就是說，機器人生產會導致大批勞動者失業，隨著新興技術革命的發展，整體失業率會持續走高。

在這種大趨勢下，傳統模式下資本僱傭勞動的現象有可能一去不復返，更多的資金將被用來購置機器人，如此以來，勞動力因素的重要性將持續下降，也就是馬克思曾經分析過的，在整體資本中，技術因素的占比會明顯增加。

5.1.2
機器代人：引領製造業轉型

除了對現有生產要素的架構體系產生影響之外，新技術革命的發展還會影響整體經濟政策的實施，並挑戰人們已經認可的經濟學理論。具體來說，我們無法再以失業率為依據來衡量經濟發展水準；政府部門在實施貨幣政策時，也會相對較少考慮就業促進方面。

在現有的經濟學理論中，失業率高低是判定經濟發展狀況的重要指標，以自然失業率為一個界限，當實際失業率超出這個界限時，說明整體經濟的發展呈衰退趨勢，相反，則說明當前的經濟處於良好的發展勢頭。

當出現這種狀況時，相關部門會採取相應的貨幣政策，使失業率重新接近自然率，加強對整體經濟的調控，避免其發展脫離正常軌道。而當機器人普遍取代人工時，勞動因素在整體中的地位會下降，勞動力成本的變化也不會對企業整體消耗產生太大影響，所以，無法再透過失業率來衡量整體經濟的發展水準。

另外一方面，傳統模式下的人工勞動成本，以及員工本身對工作流程的掌握程度，對現代化生產的影響已經沒有那麼明顯，所以，原有模式下建立的國際經濟布局及貿易發展方式會產生根本性改變。隨著智慧化在生產領域運用範圍的不斷擴大，國民生產毛額與貿易總額的比值也逐年變大。

2008 年世界經濟危機的蔓延導致世界各國原本的經濟平衡狀態被打破，機器人技術的引進，能夠對世界產業鏈架構體系進行調整，使其恢復到正常的發展軌道上。如果實在無法恢復到平衡狀態，也能對經濟危機導致的一些問題產生調整作用，並在時間範圍內形成一種新局面，在這種局面下，技術性因素及資本因素的重要性將更加突出。

當新局面的發展趨於穩定時，全世界的經濟發展布局會呈現出新特點，以高品質產品在各國之間的流轉來看，傳統模式下主要展現為，自勞動力豐富、廉價地區的開發中國家轉移至已開發國家，如今則是從技術及資本資源豐富的已開發國家，轉移至在這些方面處於劣勢地位的開發中國家。

也就是說，發展到這個階段的世界經濟，多數已開發國家會出現出口貿易總額大於進口貿易總額的現象，開發中國家則截然相反。從中可以看

出，原本用來衡量貿易發展、世界資本流動的許多標準因素將不再具有衡量價值，屆時，像跨太平洋夥伴關係協議這類國際組織，擁有的實際效益也十分有限，無法加入某些貿易協定的國家，經濟發展可能也不會因此受到影響。

另外，傳統模式下出於人口自老齡化因素考慮而產生的相關經濟定義及措施都將在智慧化、自動化生產的大規模應用下遭受挑戰。以經濟成長模式為依據進行分析，能夠對經濟發展產生關鍵影響的生產因素包括：勞動與資本。其中，豐富的勞動力資源能夠有效促進經濟發展，若勞動力短缺，則會導致經濟增速降低。

從一國經濟發展的角度來分析，豐富而有效的勞動力能夠成為國家增大資本儲量的有利支援，為其經濟發展開拓更大的空間。舉例來說，像日本及部分西方已開發國家，具有明顯的人口老齡化現象，並因此導致其經濟成長放緩。

日本的製造業曾在全世界處於優勢地位，正是因為嚴重的人口老齡化問題，導致其經濟發展不僅反退，並持續數十年。

但上述理解方式並沒有充分了解到新興技術革命給勞動力市場帶來的深刻變革。伴隨著以機器人生產為代表的技術革命的展開，每人平均擁有的資本量將會呈現顯著的成長趨勢，傳統勞動力資源在整個生產營運過程中的地位會下降。

在傳統模式下，一個國家的人口組成方式會對其整體經濟發展產生一定程度的影響，隨著機器人生產的普及，這種狀況會逐漸發生變化。機器人為代表的新興技術革命，會為當前世界各國的製造業發展及布局帶來重大變革，相比於勞動密集型國家，掌握資本及技術資源的參與者將更具優勢，並逐漸在全球製造業中占據核心地位。而工業機器人的誕生及廣泛應

用能夠在相當程度上彌補勞動力短板，在低成本消耗的基礎上提高工作效率，加速該產業的整體運轉。

從這個角度出發來考慮，在利用新興技術對整體產業結構進行改革的過程中，不僅能夠提升產品品質及品牌的內涵價值，還能提高業務作業系統的智慧化水準。

綜上所述，對製造業而言，要想在與同類企業競爭中突顯自己的優勢，就要認清技術因素的重要性，採用機器人代替傳統人工勞動。

5.1.3
基於大數據與資訊科技的智慧生產

除了機器人的普遍應用之外，資訊科技與大數據的滲透作用也是新一輪技術革命的重要特徵。按照傳統的市場化運作方式，價格資訊是絕大多數企業安排自身生產的唯一參考，也就是說，無論是產品種類的選擇、生產規模，還是其他生產相關的事宜，企業管理者都會從價格變動、盈利方面出發進行考慮。

每一個參與市場競爭的主體，都要按照既定的價格來發展自身營運。在這種模式下，市場是資源配置的主導，並能夠依據價格進行自動調節。

按照以往的價格調節方式，如果市場價格提升，生產者就會擴大生產規模；如果價格下降，生產者則會壓縮生產規模。不過，如果價格提升，有些生產者會盲目擴大規模，使供給超出需求，若價格回落，部分生產者則會一味壓縮生產。

從這個角度來分析，市場經濟是圍繞價格波動來調節資源的，市場會發生資源浪費的現象，當調節不及時或者力度不恰當時，則有可能發生經濟危機。

以資訊科技為依託的大數據的普遍應用，能夠降低市場價格在資源配置中的地位，雖然名義上宣稱採用計劃經濟，但生產者仍然十分看重自身利益的獲得，即使如此，機器人的應用還是對傳統經濟執行方式產生了很大衝擊。

在大數據技術普遍應用的今天，生產者與消費者之間的資訊傳遞方式已經完全不同於傳統模式。消費者既可以利用網路技術查詢產品相關內容，還能以其他使用者的回饋資訊為參考，做出最終的消費決策。以一款叫車軟體為例，該平臺能夠實現司機與乘客之間的資訊配對，不僅能夠滿足使用者的移動需求，還能提高車輛資源的使用率。

日本的企業管理比較注重庫存問題的解決，並強調「精益生產」，如今，大數據的應用為其上述理念的實踐提供了更多支援。隨著現代資訊科技的廣泛應用，世界各國都會有意識的提高生產的針對性。所以說，新一輪的技術革命不同於以往產業革命的地方，集中展現為資訊化及智慧化技術在生產過程中的應用。

按照這個角度來分析，之前由整個市場供需決定產品生產及輸出的模式，在新一輪技術革命下能否繼續發揮作用？當市場需求資訊不再完全透過價格波動來反映時，經營者若仍然按照以往的方式制定決策，就容易導致資源浪費。也就是說，企業的生產應該逐漸趨向於集中化，透過對自身生產模式的調整推動傳統模式下嚴重的生產過剩問題。

在這種情況下，企業無須過多的擔心庫存問題，社會經濟的執行也將更加平穩。與此同時，無須國家再進行大力度的整體調控，而依託於大數據與資訊科技的現代化智慧生產，會將市場調節與政府干預結合在一起，並在兩者之間找到一個平衡點。

5.2
人工智慧＋教育：開啟一個全新的教育時代

5.2.1
人工智慧時代下的教育變革

　　事實上，人工智慧技術在多個領域都已經引發了重大的變革，其中人工智慧與教育的結合被許多業內人士給予了高度評價。人工智慧是一種研究並開發如何模擬、延伸及拓展人類智慧的技術。人工智慧從屬於電腦科學，它的目標是要探索智慧的本質，並創造出一種能夠透過模擬人類智慧而做出快速反應的智慧產品，目前其研究方向主要有機器人、圖像辨識、專家系統、語言辨識及自然語言處理等。

　　現階段，認可度較高的人工智慧的發展路徑是：從弱人工智慧到強人工智慧，再到超人工智慧（如圖 5-1 所示）。其中，弱人工智慧在我們的生活及工作中應用相對普遍，比如，語音搜尋、指紋及人臉辨識、地圖導航等；而強人工智慧階段的智慧裝置的智力水準大致與人類相當，超人工智慧階段的智慧裝置的智力水準則明顯超過了人類。就目前來看，距離實現強人工智慧仍有很長的一段路要走，實現超人工智慧更是遙遙無期。

　　人工智慧也並非一個剛出現的新技術，在 1990 年代就已經有很多研究機構及高科技企業在嘗試探索這一領域。只不過相對於以前的人工智慧技術僅停留在概念及理論研究階段而言，如今的人工智慧技術已經獲得了長足的發展，比如，2009 年 8 月，研究藍腦計畫的科學家表示他們成功的模仿出了鼠腦的其中一部分；2016 年，世界頂級圍棋選手李世乭在與 AlphaGo 進行的圍棋競賽中被後者以 4：1 的比分輕鬆擊敗。

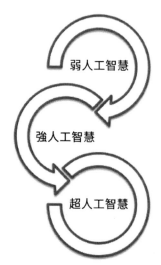

圖 5-1 人工智慧的發展路徑

圖像辨識及機器學習等技術在 Google 等科技大廠的推動下走入了我們的生活。透過 Google Photos 搜尋功能，我們可以在大量的照片中找到自己需要的圖片；Google Now 可以自動向我們推薦符合我們需求的資訊；Gmail 團隊研發出的 Inbox 可以代替人們回覆郵件等。

網際網路的強大顛覆性，讓身處其中的我們見證了一個又一個傳統產業被顛覆，而近兩年快速崛起的線上教育也正在顛覆傳統教育。相對於傳統教育圍繞人才及內容展開競爭外，線上教育還涉及到產品與模式之爭。競爭角度的多元化使得傳統教育被顛覆得更為徹底。

雖然，線上教育在模式與內容方面的競爭顯得尤為猛烈，但至今仍未出現一個具備統治級地位的產業大廠。很多線上教育創業公司只不過是將線下的教育轉移到了線上。相對於其他模式而言，直播與錄播相結合的教學模式應用較為普遍。一些玩家也嘗試在此基礎上加入線上分享及互動等更多的社交元素，但實際效果卻並不理想。

　　如今的線上教育更多是用大量的內容生產者滿足使用者的學習需求，和線下教育並沒有本質差異。而網際網路不只是一種連線工具，其在技術、成本、效率、使用者習慣方面都帶來了重大變革。這就為 Google 等具備高科技技術的企業提供了探索諸多傳統領域的重大機遇。Google 研發的 PR 演算法可以在沒有人工參與的條件下，對網頁的價值進行評估。

　　靠有限的內容生產者很難真正滿足龐大的線上教育市場需求，而且還要承擔極高的人力成本，而人工智慧與教育的結合則能很好的解決這些問題，無論是幫助內容生產者處理大量的資料，還是提升內容的品質及數量，人工智慧都具備著強大的優勢。

5.2.2
人工智慧如何改變教學場景？

　　2014 年人工智慧進入新一輪的快速發展期，而隨著 2016 年 AlphaGo 與李世乭的圍棋大戰以 4：1 的結果宣告結束，社會各界對於人工智慧的認識被提升至了新的高度。製造工業、新材料等方面快速發展使得人工智慧的應用範圍獲得進一步提升。

　　說起人工智慧，部分人可能會認為只是一種尖端領域的高科技技術，與我們的生活沒有太大的關聯，但事實絕非如此，人工智慧在我們的生活中扮演的角色已經越發重要，比如，人臉辨識、語音辨識、語音搜尋、指紋解鎖等都屬於人工智慧技術，而且這些技術在我們的生活中已經得到了十分廣泛的應用。

　　不僅是機械製造、航太、軍事領域等領域，在交通、餐飲、購物、娛樂等領域，人工智慧技術也正在快速滲透，雖然應用還僅限於比較淺的層次。人工智慧涉及到的語言處理及學習、智慧搜尋、邏輯推理等與線上教

育存在著密切的關聯。那麼，人工智慧開始興起後，整個線上教育領域又將會發生怎樣的顛覆性變革呢？

線上教育主要包括平臺類、內容類、評論類、工具類、社交類等多種模式，其中，工具類模式市場占比相對較高。

人工智慧技術的不斷突破使得該領域實現快速崛起，當然人工智慧技術始終需要有一定的工具來實現。人工智慧產品包括 APP、機器人、智慧硬體等。機器人涉及到多種類型的人工智慧技術，比如：智慧搜尋、邏輯推理、資訊辨識、資訊感應及分析等，高度智慧化的機器人需要模擬人類的視覺、聽覺、觸覺、情感及思考模式等。

不難想像，未來我們可能只需要有一款智慧手錶、智慧頭盔等就能夠學習自己想學的知識與技能，而工具類的線上教育產品將會被取代，當然我們也可以將機器人看作為一種工具，但其主動權顯然不在這些採用工具類模式的線上教育領域的玩家手中。

目前的人們學習知識的線上教育場景相當簡單，主要就是藉助於圖文、影片、遊戲等方式來學習知識與技能。而隨著人工智慧在線上教育市場發力，將會誕生出豐富多元的立體式教學場景，具體來看，人工智慧對教學場景的改變主要展現在互動、搜尋及綜合展現等方面（如圖 5-2 所示）。

互動領域更廣泛，
互動內容更豐富

搜尋方式更智慧，
搜尋結果更準確

可以更為立體化、
全方位的學習知識
與技能

圖 5-2 人工智慧對教學場景的改變方面

◆互動

從古之今，師生互動向來被認為是提升教育水準的重要一環。互動對於提升學生的學習樂趣、積極性及教育品質都有十分關鍵的作用。而人機互動則是衡量人工智慧技術發展水準的重要指標。

未來在人工智慧技術的參與下，人們不再只是簡單的與老師互動，還可以與知識互動，知識將透過立體的形式展現給使用者，人們可以選擇透過視、聽、觸等方式在教學場景中學習新知識。

◆搜尋

搜尋無疑是人工智慧中的關鍵組成部分，無論人工智慧技術能夠進化到什麼程度，人們都需要透過搜尋來獲取自家需要的資訊。不難想像，像如今這種打字搜尋的資訊搜尋方式必定會逐漸被語音搜尋等更為先進的方式所取代，未來人們可能只需要說話或者思考就能夠得到自己想要的資訊。

當然，確實想要實現意識搜尋（人們只需要思考，就能藉助具備感觸人們思維的智慧化工具提供相應的知識）有著相當高的難度，但隨著智慧穿戴裝置及人腦神經學研究的不斷深入，其實現只不過是時間問題。

◆綜合展現

人們對於即將到來的場景時代充滿著無限期待，目前全球企業管理者都在思考如何創造出更為豐富多元的消費場景，顯然線上教育也需要有各種類型的場景提供支撐。

目前的線上教育更多的是透過圖文及影音提供內容，其載體就是幻燈片、音訊、影片等。而在未來，人工智慧將會為線上學習的使用者提供涵蓋視覺、聽覺、觸覺、嗅覺、味覺等綜合性學習體驗，讓人們可以更為立體化、全方位的學習知識與技能。

5.2.3

「人工智慧＋教育」的五大應用

具體來看，人工智慧與傳統教育的結合點主要包括以下幾個方面（如圖 5-3 所示）：

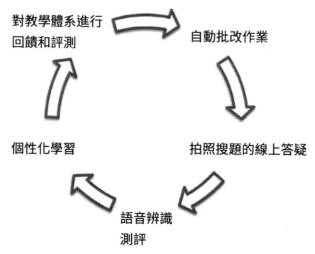

圖 5-3 「人工智慧＋教育」的五大應用

◆自動批改作業

以英語學習為例，英語語法糾錯應用產品的出現，使得人們學習英語的效率大幅度提升。和其他簡單根據詞語或短句的含義來對學習者的英語語法進行糾錯所不同的是，它能夠在上下文的語境中進行判斷，更為精準的判斷出包括時態、單複數在內的多種語法的應用是否精確。

這將有效提升翻譯軟體的精確性，使得人們的英語交流變得更為順暢。對於教師而言，可以藉助這種軟體幫助自己批改作業，從而提升自己的教學效率及品質。

◆ **拍照搜題的線上答疑**

近兩年，被投資機構廣泛關注的拍照搜題應用產品，就是一種十分典型的人工智慧技術在教育領域的應用。

以一款軟體為例，它藉助圖像辨識技術，能夠讓學生們在學習中遇到困難時以拍照的形式上傳至系統平臺，後臺系統會在幾秒內給出答案及解題思路，從使用者的回饋來看，其辨識打字題目的準確率可以達到90%以上，手寫題目為70%，基本上能夠滿足人們在日常學習中的需求。

◆ **語音辨識測評**

語音辨識技術在英語口語測評中的應用最為廣泛，目前的語音測評應用產品，能夠讓人們在練習英語口語時，及時找到自身在發音方面的不足並給予糾正，經過多次的反覆訓練後，能夠極大的提升學習者的英語水準。

◆ **個性化學習**

數位學習公司麥格羅希爾教育集團（McGraw-Hill Education）在研發數位課程方面投入了龐大精力，基於數百萬學生的學習資料，透過人工智慧技術為學生們提供專屬的學習方案。當學生們在學習某一方面的知識時，系統平臺可以根據學生對該知識點的掌握程度，提供適合他們學習習慣的相應的學習資料，從而有效提升學生們的學習成績。此外，為了能夠為學生提供長期的幫助，後臺系統還會為學生制定學習檔案。

透過大數據可以分析出每個學生的學習特點，業內研究機構給出的報告顯示，人們的學習方法主要有70種。而部分線上教育平臺經過幾年的發展已經擁有了上千萬名使用者，並儲存了這些使用者曾經做過的數億道題目，這就為藉助於人工智慧開啟個性化教育提供了強而有力的資料支撐。

當下絕大部分的課程教學方式是先向學生灌輸原理，然後再教給學生如何應用，而人工智慧的課程教學方式則是讓學生學習多個案例，然後再解釋原理。實踐證明，這種方式可以有效解決學生經常出現的由於被原理限制思路從而無法靈活應變的問題。

◆對教學體系進行回饋和評測

如果學生們在收到自己學習成績單的同時，還可以獲得一份系統而全面的評測報告單，報告單上分析了自己對於不同學科的知識點及能力點的掌握情況，而且幫助自己制定出未來的學習計畫，這就相當於學生們獲得了一個個人學習畫像，使學生們對自己的學習情況有更為深入的認識，快速找到提升自己學習水準的有效方法。

藉助於人工智慧對學習過程中的資料進行蒐集及分析，了解學生對於知識、技能的掌握情況，從而可以為學生及教師們找到精準有效的分析資料。對於學生來說，他們可以找到自己的不足，更加高效能的提升自己的學習成績；對於教師而言，則可以掌握學生們整體的學習情況，從而對自身的教學方式及教學內容進行最佳化，提升教學科學性及有效性。

5.2.4
「人工智慧＋教育」的未來趨勢

◆技術才是變革的本源

線上教育未探索出明確的商業模式時，從業者選擇將自身的資源及精力投入到課程內容方面確實是一個不錯的選擇。但在如今線上教育各路玩家紛紛採用以內容為核心的 MOOC（Massive Open Online Course，大規模開放線上課程）模式之際，線上教育企業應該做出相應的調整。

此外，知識圖譜在教育領域的應用使得人們的學習效率得到大幅度提升。它能夠對結構化的知識進行處理並最佳化，從而為人們提供更為高效率、低成本的學習方案。確實，透過人工的方式能夠處理結構化的知識，但在教育過程中，人們學習的內容還包括大量的非結構化知識，此時透過人工處理不僅耗時耗力，而且精準度也著實有限。

而人工智慧的應用則為處理非結構知識提供了有效途徑，它可以精準高效能的發掘出知識之間的內在關聯，並根據學習者不同的知識需求為人們提供相應的知識。

目前一些線上教育創業公司已經在嘗試透過打造專家知識系統及學習系統，來實現對教學、回饋、社交、學習、知識庫及排序推薦等多個領域的全面涵蓋。當然這需要累積大量使用者的學習資料，並透過大數據、雲端運算等高科技技術對其進行處理、分析及應用。

毋庸置疑的是，技術是推進產業變革的有效方法。在資訊呈現幾何式成長的行動網際網路時代，人工智慧及機器學習是人類高效能處理資料資訊的必然選擇，雖然它們距離發展成熟仍有一段較長的時間，但其足以支撐網際網路教育完成對傳統教育的顛覆。

◆開啟全新的教育時代

就現階段而言，語音辨識與圖像辨識是人工智慧在教育領域的兩大主要應用，但迫於技術難題，目前的應用也只是處於初級應用階段，未來仍存在著廣闊的提升空間。

高度發達的人工智慧可以讓人類實現「思考即學習」，智慧機器人能夠與人類的大腦實現連線，從而讓人們只需要思考就能獲得想要的知識。那些被用來輔助人們學習的學習機、紙質圖書等甚至不再被需要，傳統的教育方式將會被徹底顛覆。

　　未來，透過智慧機器人就可以學習自己想要掌握的知識與技能，教學場景也不再僅限於簡單的文字、圖像、音訊、影片等，人們將獲得沉浸式的立體化學習體驗。透過豐富多元的教學場景，輕鬆、快樂的學習知識與技能。不難想像，對我們的學習情況十分了解的智慧機器人，可以更加針對性的給予我們指導與鼓勵，讓我們更加高效能的利用學習時間。

　　毋庸置疑的是，人工智慧與教育的結合將會開啟一個全新的教育時代。隨著創業者及資本大廠的不斷湧入，會有越來越多的時代弄潮兒探索出更多的人工智慧教育新玩法，這不但能夠讓他們獲取鉅額的價值報酬，更能夠提升整體教育水準。

◆意識學習：連線人與意識世界

　　意識教育可以分為兩種：其一是夢境中的學習；其二是類似科幻電影中的意識穿越學習。夢境中的學習主要指的是藉助於人工智慧技術等改變人們在睡夢中的思維，將夢境轉化為學習場景，這樣人們即使是在睡眠狀態也可以學習知識。

　　意識穿越學習則是藉助人工智慧技術創造一個龐大的意識世界，可以是教學類的，也可以是遊戲類的，此時，個體就相當於一個終端。人們與意識世界連通後，就可以透過類似完成任務的方式學習相關知識，人們完全可以根據自己的興趣選擇和適合自己的學習場景及遊戲場景等，這和當下十分熱門的虛擬實境產業有著密切的關聯，市場中出現的 VR 眼鏡及頭盔等產品就可以將人們帶入一個極具沉浸感的虛擬場景中。

　　人工智慧當然不會只對線上教育產生重大變革，隨著人工智慧的不斷滲透及相關技術的不斷突破，未來人工智慧會在多個領域掀起一場場重大的產業革命。而作為在經濟大環境較為低迷背景下仍在保持高速成長的線

上教育產業，人工智慧技術的應用顯然會創造出極大的想像空間。新技術的出現，會對舊有的業務流程及商業模式進行革新，線上教育也在積極尋求突破，未來人工智慧技術無疑將會成為線上教育完成轉型的強大推力。

5.3
人工智慧＋醫療：傳統醫療模式的顛覆與重構

5.3.1
虛擬助理：為醫生提供輔助診斷工具

如今，醫療健康領域的諸多方面都可展現出對人工智慧的應用，以應用場景為標準來劃分，兩者結合較緊密的領域超過 10 個，包括虛擬助理、醫學影像、藥物挖掘、營養學、可穿戴裝置、健康管理、風險管理、急診室管理等等，在這裡，我們對主要的醫療領域進行重點分析，看看人工智慧與醫療領域的結合有怎樣的發展前景。

虛擬助理是陪伴在使用者左右的智慧系統，如今應用最為普遍的虛擬助理當屬蘋果的 Siri。使用者可透過語音形式與虛擬助理進行互動，助理在接收到使用者的語音資訊之後，會在後臺進行深度處理，給出相應的答覆。在以語音形式與使用者進行互動之後，虛擬助理能夠對使用者的病情進行科學預估與診斷。

整體上來說，虛擬助理有兩種：通用型虛擬助理，以蘋果的 Siri 為代表，還有一種是醫療健康類虛擬助理，以英國的醫療遠端行動應用 Babylon Health 為代表。相比於通用型虛擬助理，醫療健康類助理的定位更加精準、更加專業，在應用過程中涉及更多的醫學用語，操作方面也更加專業。

那麼，通用類虛擬助理與醫療健康類虛擬助理的區別展現在哪些方面呢？通用型虛擬助理在市場上推出的時間更早一些，吸引了眾多資本家的關注，收集了大量資料資源。相比之下，醫療健康類虛擬助理更加專業，

在監管過程中面臨更多風險。

近年來，醫療健康領域的虛擬助理成為眾多資本家追捧的對象。

Babylon Health 公司在 2016 年 1 月成功完成 A 輪融資，Richard Reed、DeepMind Technologies、Adam Balon 等參與此次投資。早在幾年之前，公司就將醫療健康類虛擬助理的開發及營運納入自身發展規畫，為此，公司組建了包含 3 萬多個案例的醫學症狀資料庫，其虛擬助理可透過語音形式與使用者互動，了解使用者的病情。Babylon Health 的月費僅為 5 英鎊（8 美元左右），能夠為使用者提供快速診療服務，且語音服務周到，能夠耐心聽取使用者的諮詢，受到廣大使用者的歡迎。

Babylon Health 的開發分為兩個層級。在第一個層級，其應用分為如下兩步：首先，使用者將自己的症狀用語言形式表述出來，Babylon Health 進行資訊接收及初步處理，了解患者的疾患出現在什麼地方。接下來，其處理系統須參照症狀資料庫中的資訊進行深度處理，對患者進行初步診斷並提供相關建議。

第一個層級的診斷集中於小範圍內，比如人體的五大內臟、皮膚科等。在第二個層級中，系統須收集更多的症狀資訊，並進行智慧化改進，從而為患者提供更加精準的專業醫療診斷，能夠辨識的疾病種類也明顯增加。

如今，醫療診斷仍以人工處理為主，但因人工處理不當導致的誤診、死亡案例時有發生，據悉，美國重症處理出現誤診死亡的案例每年超過 40,000 例，相比之下，人工智慧技術的應用，可先透過虛擬助理進行初步診斷，能夠大大提高診斷的科學性，還能節省人工成本，節省診斷時間。然而，目前尚未發表針對虛擬助理提供疾病診斷的相關管理辦法，人工智慧在醫療健康領域的應用十分受限。

在現階段下，根據監管部門的規定，虛擬助理還無法診斷輕微疾病，只能為患者提供資訊諮詢服務，如果病情嚴重，虛擬助理則必須要求患者到醫院就診，最多只能代替使用者撥打急救電話。

醫療界的權威人士也並不認可虛擬助理，他們認為，患者自身對自己的病情掌握是有局限的，其描述缺乏全面性，而且，患者的表述缺乏專業性，虛擬助理無法完全辨識，也就不能據此做出精準判斷，這些都是虛擬助理的不足之處。即使是這樣，虛擬助理的應用能夠有效控制醫療成本，在大量資料分析的基礎上提高診斷的精確性，能夠發揮良好的輔助作用，減少誤診現象的發生機率。

5.3.2
醫學影像：精準篩查和分析重大疾病

近年來，數位醫療領域在原有基礎上產生一個新的發展方向，即透過人工智慧解讀醫學影像，目前，數位醫療產業正在加大該領域發展的投資力度。

醫學影像容納的資料資訊非常豐富，就算經驗較多的醫生，在解讀時也可能漏掉一些資訊。因此，在醫院放射部門就職的醫生，須經過長時間的專業培訓，在累積了足夠經驗之後才能任職。相比之下，人工智慧不僅能夠縮短檢測時間，還能提高影響解讀的準確性，幫助甚至代替醫生進行分析。

人工智慧對醫學影像的解讀可分為兩個階段，第一個階段為圖像辨識，第二個階段則為深度學習，如今，隨著「深度學習」技術的進一步發展，其圖像辨識的速度及品質都明顯提高。比如，在影像解讀及判斷過程中，相對於整個 X 光照片，惡性腫瘤所占的面積通常很小，對醫生來說，

想要透過對圖像的觀察來評估其中某個面積很小的陰影是否為惡性腫瘤，並不容易。人工智慧則能夠在預處理的基礎上，將圖片進行分割，然後在不同部分提取引數，以資料庫中儲存的資訊資源為對照進行分析，在綜合比對之後給出評估結果。

而且，在診斷時，人工智慧還會獨立進行深度學習，以病歷庫中的案例為參考，進行智慧化判斷。人工智慧的應用能夠有效提高醫學影像解讀的效率，幫助醫生節省更多時間與精力。

近幾年，在人工智慧醫學影像方面崛起並獲得快速發展的企業不在少數。比如 Enlitic，該公司在 2014 年落成，僅用一年的時間，其知名度就大大提高，在 2015 年入圍「全球最智慧的 50 家公司」，並於同年 10 月完成千萬美元的融資。

Butterfly 也是該領域的知名代表，該公司計劃推出一款智慧超音波應用，透過人工智慧技術進行圖像分析與解讀，最終達到智慧化診斷的效果。與此同時，該領域也吸引了眾多投資者的關注，在全球具有影響力的人工智慧投資機構，都向智慧醫學影像企業進行注資，聚焦該領域的發展。

如今，美國早已步入電子底片時代。隨著電子底片的普及應用，醫療機構從醫學影像中獲取的資料規模迅速擴大，美國的資料成長比重達每年 63.1%。

在美國，放射科就職醫師的成長比重不到 5%，遠不及該領域的資料成長，導致專業人才不足。為此，每個醫師都要承擔更多的任務，難免影響其診斷效果，而人工智慧的應用能夠在相當程度上解決人才短缺問題。

Enlitic 推出的圖像辨識軟體，能夠在分析 X 光照片和 CT 掃描圖像的基礎上，精準判斷惡性腫瘤的位置，該系統透過深度學習，將以往經過確

165

診的醫療圖像資料為資源，分析惡性腫瘤的存在機率以及腫瘤所處位置，在大量分析的基礎上，找出惡性腫瘤的存在規律，以及對診斷有幫助的關鍵性因素等。

為了驗證該軟體的應用效果，Enlitic 將肺癌資料庫作為實驗的參考資料，最終證明，與專業肺癌檢測者相比，該系統的診斷結果更具說服力，其準確性要高出 50%。可以說，人工智慧與醫學影像的結合，能夠同時為患者、醫生及醫療機構帶來很大便利，它能夠迅速給出 X 光、CT 等醫學影像的檢驗結果，提交精準的診斷報告，還能幫助醫生解讀影像，為其診斷提供資料參考；此外，醫療機構可據此完善自身的資料庫，應用雲端技術控制預算。

同時，可透過該系統的應用提高診斷效率，就算患者出現細微的骨裂現象，人眼辨識難度較大時，系統也能給出精準的判斷。

人工智慧除了能夠服務於患者、醫生及醫療機構，還將直接作用於醫學影像初創企業的發展。換句話說，創業企業的競爭力與該公司是否擁有人工智慧技術密切相關。在對該領域的企業進行調查後發現，採用人工智慧技術的企業，可有效控制人力成本消耗。

若初創企業擁有人工智慧技術，在公司未進行首輪融資前，其技術人員的數量可維持在 20 人以下，非技術人員與技術人員的比例大約為 1：2.6。而缺乏人工智慧技術的企業，需要引入更多人力資源承擔公司的業務營運，此時，其非技術人員與技術人員的比例大約為 1：1.1，團隊成員數量須維持在 40 人左右。

5.3.3

藥物挖掘：大幅度降低藥物研發成本

藥物挖掘的發展過程可分為如下三個時期：

在 1930 年代至 1960 年代之間為藥物挖掘的第一個時期，這個時期的藥物選擇具有很大的隨機性，藥物研發沒有什麼規律可循，其中具有代表性的是透過細菌培養法，在自然資源中尋找抗菌素。

1970 年代至 21 世紀之間為藥物挖掘的第二個時期，隨著技術水準的提高，靶向篩選方法得到廣泛應用。組合化學的興起，加速了化合物的合成速度，為研究者獲取新化合物提供了諸多便利。高通量篩選技術便產生於這個時期，該技術的應用，能夠幫助新藥物研究及發現，在幾十年的發展之後，其應用也更加成熟、完善，範圍也逐漸拓寬。在這方面具有代表性的是他汀類藥物的開發。

如今已經進入到第三個時期，可以採用虛擬技術進行藥物篩選，即透過電腦來展示藥物篩選過程，提前評估化合物的活性，再將那些價值含量較高的化合物進行二次篩選，此次篩選為實際操作，已經大大縮小了篩選範圍，因此能夠有效控制該環節的成本消耗。

藥物挖掘是整個醫藥產業中首個採用人工智慧技術，並獲得理想效果的領域，具體而言，人工智慧技術在藥物開發、藥品改造、藥品副作用評估、藥物使用效果回饋等方面發揮了重要作用。如今，藥物臨床研究的電腦模擬作為一門獨立學科出現在人們的視野中，可見其發展之快，潛力之大。

按照以往的預測，研究者須歷時十年才能開發出一款新藥，整個過程的成本消耗大約為 15 億美元，而今，藥物開發愈加困難，這意味著成本消耗的增大，按照目前的藥物研發情況來看，新藥開發所需的成本在 40 億美元至 120 億美元之間，但即使如此，還是有可能以失敗告終。

　　此外，新藥研發對產品的安全問題提出了更高的要求，須經過動物實驗，以及三個階段的臨床檢驗。而且，在藥品面向市場之後，還須接受進一步的臨床研究，繼續對其安全性及效果進行評估，所以，藥物研發不僅要經歷漫長的時期，還需要足夠的資金支援。

　　如今，人工智慧技術的應用，可為藥物檢測提供更多便利，不僅在專業化方面滿足研究者的需求，還能進一步提高藥物使用的安全性。

　　在藥物開發過程中，須對備選物的安全性進行有效評估。如果同時有多個化合物可對特定病種產生治療作用，無法透過人為操作來評估其安全性，就能依託人工智慧中的蒙地卡羅樹搜尋演算法、評價系統等，從中做出最優選擇，提高藥物成分的安全性，為藥物研發提供保障。

　　有些藥物還沒有進行動物實驗與臨床實驗，其安全性有待檢驗，人工智慧也能在這個環節發揮作用。藥物之所以能夠產生療效，就是因為它能夠作用於靶向受體與蛋白，但在很多情況下，該藥物還會對其他受體與蛋白產生影響，這就導致副作用的發生。採用人工智慧技術，能夠對現有藥物的副作用進行評估，準確知曉該藥物是否存在其他影響，從中篩選出不會危害人體健康的藥物，再進行動物及臨床檢驗，不僅能夠減少資金及研究者的精力消耗，還能提高新藥研發成功的可能性。

　　另一方面，研究者還可透過人工智慧技術的應用，展示患者在服藥之後的身體反應，包括藥物吸收、作用過程、代謝等等，並對其服藥計量與藥效之間的關係進行深入分析，從而加快新藥開發的程序。

　　在現階段下，人工智慧在藥物挖掘中的應用主要展現在如下幾個方面：抗腫瘤藥、心血管藥、針對罕見病的藥品，還有經濟落後地區流行的傳染病藥物。其中，前兩種藥品的市場需求量較大，使得相關企業在短時間崛起。資料統計顯示，這兩種藥品的銷售規模在 2015 年時都達千億美

元級。在藥物挖掘過程中應用人工智慧，不僅能夠有效控制成本消耗，還能提高整體的運作效率。對於經濟落後地區的流行病藥物，以及針對罕見病的藥品，市場需求有限，企業從藥品銷售中所得營收甚至無法抵消其研發環節的成本消耗，在相當程度上導致企業不願參與這兩種藥物的研發，在這種情況下，可透過人工智慧的應用控制成本消耗，使經濟落後地區的流行病患者及罕見病患者有藥可醫。

目前在人工智慧藥物挖掘方面具有代表性的企業，從融資規模來看，居於榜首的是 Numerate，該公司的融資金額達 1,750 萬美元。

而最具典型性的當屬 Atomwise。該公司用電腦技術處理資料庫中儲存的大量資訊，透過人工智慧技術展示藥品研發經歷的各個階段，提前預知某種藥品在研發過程中可能出現的問題，有效控制研發成本，還能提前預算藥品研發所需的時長。依託 IBM 的超級電腦，Atomwise 的軟體系統十分擅長資料處理及分析，舉例來說，該系統可對 800 多萬種藥物成分進行分析，不到一週的時間，就能從中提取針對多發性硬化症的治療方案。Atomwise 於 2015 年在伊波拉病毒研究方面獲得成效，從其研究的藥物中，找到兩種對伊波拉病毒有抵制作用的成分，其整個研究過程只用了 7 天，所耗成本控制在 1,000 美元以內。

另外，Atomwise 還能提前進行候選藥物評估，對藥物的實際療效做出準確判斷，為製藥企業、初創企業以及研究機構提供幫助。除了新藥發現之外，Atomwise 在藥物毒性檢驗、結合親和力預測方面的研究水準在全球領先。而且，該公司還積極與其他企業展開合作，與包括 Autodesk、德國默克（Merck）在內的多個知名企業聯手進行專案開發，並與權威專家共同進行藥物研究，在藥物挖掘方面，為製藥公司、生物科技公司及初創企業等提供高價值服務而從中盈利。

到 2016 年，Atomwise 的整體融資規模超過 650 萬美元，其卓越成績不僅展現在專業人才團隊的建設及人工智慧技術的應用上，還展現在吸引了大批風險投資家，並且能夠為初創企業提供孵化服務。該公司透過與知名風投企業 Khosla Ventures 以及創業孵化器 Y Combinator 合作，獲得豐富的資訊資源，還能透過它們的幫助與專業醫療機構取得連結。

5.3.4
營養膳食：提供個性化營養解決方案

世界級的權威學術雜誌《Cell》在 2015 年 11 月發表了 David Zeevi 團隊的專業文章，該文章論證了機器學習演算法在營養學方面的重要影響。為了驗證這個結論，有 800 名志願者參與實驗，這些志願者會按照要求服用標準餐，研究者則負責在連續 7 天之內收集其餐後的身體反應資料，包括血糖、睡眠、腸道群菌等資訊。

研究人員在對實驗結果進行觀察後總結出這樣的結論：就算志願者服用的標準餐沒有差別，但其具體效果還是因人而異。由此可以看出，以前根據經驗累積總結出來的膳食營養攝入方法，是存在很多問題的。之後，研究人員又採用機器學習演算法，查詢人們餐後的血糖水平與血樣、腸道菌群等因素之間的規律性影響，其中也包含了對標準餐食用後的研究。葡萄糖為人體細胞提供能量，很多疾病就是因為血糖供應出現問題而發生的。因此，營養攝入可從血糖管理方面入手。

在第一個階段的實驗中，機器學習演算法在對 800 位志願者的資料進行分析的基礎上得出相應規律，找出人體血糖水平與食物之間的關聯，接下來，進入由 100 位志願者參加的第二階段實驗，結果證明，機器學習總結出來的規律，具有較高的精準度。

　　機器學習總結出的規律，是否能夠服務於人們的膳食營養？在第三個階段的實驗中，有 26 位志願者參與。研究人員收集並分析了參與者的血樣、腸道菌群等資料，並據此推出針對每個人的膳食營養方案。該實驗將 26 位志願者分成兩組：實驗組（12 人）與對照組（14 人），實驗組按照機器演算法的方案進餐，對照組則按照醫生及營養專家的方案進餐。其膳食營養方案也被分為兩類：其中一類以人體血糖的平衡為主要參考標準，另一類則並非如此。實驗過程持續了 14 天，前七天遵循實驗要求，後七天則由參與者自行安排。

　　實驗結果證明，相比於醫生與營養專家的方案提供，根據機器演算法總結出的規律，為參與者提供的膳食營養方案，能夠使人體的血糖維持平衡，其效果更佳。可以說，這個實驗為後續機器演算法在營養學方面的應用開闢了一條全新的道路。

　　將人工智慧與營養學相結合的典型實踐案例當屬德國的 Nuritas 公司。該公司將人工智慧技術應用於分子生物學，這個舉動引起業內人士的廣泛關注，有人支持，也有人持懷疑態度。

　　具體而言，該公司打造的食品資料庫能夠發現並找出食品中的肽，並透過這種物質來改良食品。當然，這裡所說的改良並非是指簡單的將不同的食物混合起來，而是讓食物去主動適應人體反應，生成人體所需的肽種類。在食物研究過程中，該公司還從穀物中找到了對 2 型糖尿病有療效的成分。

　　在現階段下，Nuritas 公司主要透過向企業客戶提供服務，並從中獲取利潤。傳統的食品企業將營運重點放在產品安全及成本節約上，本身沒有能力去辨識食物中包含的具體成分及其對人體的影響。Nuritas 運用機器演算法幫助食品製造企業進行資料分析，企業則根據產品銷量向 Nuritas 支

付一定比例的報酬。在今後的發展過程中，Nuritas 將針對個體消費者制定膳食營養方案，並將其作為重要盈利管道。

相比於西餐，中餐存在顯著差異化特點，無法制定統一標準，廚師不同，烹飪出來的相同菜品也存在或多或少的差異。另外，菜品的營養、口味等與其具體搭配方式、製作方法都有關聯，缺乏完善的資料統計，難以推出個性化營養配置。

對那些將人工智慧與營養學相結合的初創企業而言，應該採取怎樣的營運方式呢？有兩類營運方式有較強的可取性：一類是面向消費者個人提供客製化膳食營養方案，從中獲得報酬；還有一種是在面向個人使用者的同時，為企業客戶提供服務，制定針對中餐的統一營養標準。

5.3.5
人工智慧技術在醫療領域的應用前景

人工智慧的發展對於醫療產業的改進發揮著強大的推進作用，能夠有效的改善服務品質，提高醫療診斷的精準度。藉助於大數據分析技術以及人工智慧的深度學習，醫療產業將會出現一大批先進的醫療應用程式，從而有效控制醫療成本，同時為使用者提供更加滿意的服務。

醫療產業是未來人工智慧應用的重要領域，擁有極大的發展空間。權威研究機構 Winter Green Research 曾預計，人工智慧技術還將在原有基礎上持續發展下去，全球的醫療決策支持市場體量到 2019 年時將突破 2,000 億美元。

當前，全球眾多實力型企業都開始將目光投向人工智慧技術與醫療產業的結合發展。許多新興創業公司也不甘落後，準備在這個領域展開布局。

IBM 是首個開始這項研究的企業，在更早的時候就已經開始著手人工智慧與醫療結合的研究。該公司還在 2015 年建立了 Watson Health，旨在透過 Watson 超級電腦深度分析大量的醫療資料資源。同時，它還與蘋果公司和其他相關企業聯手，實現資源整合。

微軟也已經開始在自己的醫療專案中使用人工智慧技術，希望能夠藉助人工智慧找到更合理的醫療方案以及最佳藥物配對。另外，微軟公司還利用高新科技研究不同患者體內癌細胞的擴散形式，並將電腦程式設計原理應用到細胞生產研究專案中。

Google 同樣在人工智慧與醫療結合產業有所涉足，和英國大學的附屬醫院保持密切合作，並且還投資了很多醫療健康研究機構及資料分析公司，例如 Flatiron Health。

2016 年，DeepMind 在英國發表了一款人工智慧與醫療結合的產品——Health division。同時還製造了一款名為 Streams 的程式，透過這款程式，醫生可以更方便的檢視病人的檢驗報告，目前該程式正在 LoyalFree 醫院實驗應用。2016 年 7 月，DeepMind 聯手穆菲爾德的眼科醫院，希望能夠藉助行動應用程式，實現人工智慧在糖尿病及視網膜疾病研究上的應用。

加拿大 Deep Genomics 公司將人工智慧技術應用於癌症的研究，透過深度學習技術鎖定了與癌細胞有關的 DNA 變異位點，並設計出一款產品 SPIDEX，研究者可透過該產品的應用，找出基因變異在 DNA 剪下過程中的具體作用，從而分析出此種變異是否與疾病發生存在某些關聯。

Atomwise 公司則是專注人工智慧在藥物研發方面的應用。他們希望利用人工智慧技術展示藥品研發須經歷的各個階段，實現對於新藥品效能的預測，從而大幅降低藥物研發成本。

　　據權威機構統計，現在全球已有近百家醫療初創公司使用人工智慧。到 2016 年 8 月，醫療產業與人工智慧相結合的融資數量超過 50 次，比 2011 年增加了 85.4%。與人工智慧技術相關的創業公司中，醫療類的公司所占比例到 2015 年時已達 15%，比 2011 年提高了四個百分點。

　　儘管現在人工智慧技術在醫療領域的應用尚未進入成熟階段，但是，該技術在醫療領域應用的前景是無限寬廣的。隨著科技的進步，越來越多的企業採用人工智慧技術進行資料分析及價值挖掘，人工智慧與深度學習在醫療領域的應用也將進一步展開。

5.3.6
人工智慧醫療面臨的挑戰與機遇

◆人工智慧醫療面臨的挑戰

　　由於醫療領域的特殊性，因此人工智慧醫療會面臨如下幾個方面的挑戰（如圖 5-4 所示）：

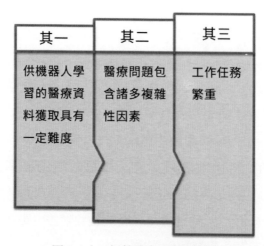

圖 5-4 人工智慧醫療面臨的挑戰

（1）供機器人學習的醫療資料獲取具有一定難度

毋庸置疑，醫療機構在醫療資料獲取方面擁有絕對優勢，但因這些資料資源與病人的個人隱私密切相關，因而其應用受到政府部門的嚴格監管。相關政策在醫療資料的應用領域也具有重要影響。

根據美國政府部門的規定，所有醫療資訊，只有在 HITECH 與 HIPAA 法案允許的情況下，才能被應用到商業領域。因此，有相當一部分處於早期發展階段的醫療企業，會將「HIPAA-Compliant」（符合 HIPAA 法案規定）作為自己的優勢之一，為了獲得這個資格，企業須同時在物理及技術方面獲得官方部門的認可，如若不然，該公司便沒有使用醫療資訊的權利。

（2）醫療問題包含諸多複雜性因素

醫療本身包含的子集是有明確數目的。無論是什麼類型的疾病，在檢測時過程中都有明確的參考指數。單純從理論上來講，醫療問題的處理與圍棋人工智慧的應用存在共性，都夠掌握所有可能出現的情況。然而，由於醫療問題的產生牽涉到人，其複雜程度就大大提升。

在醫療問題上，即使患者所患疾病的種類一致，其具體表現也存在差異，同樣，患者表現一致，但也可能身患不同的病種，也就說，症狀表現與病種之間並不是一一對應的，有些疾病之間還存在交集，另外，患者可能同時罹患兩種或兩種以上的疾病。如此一來，一些透過症狀判斷疾病種類，並進一步給出醫療建議的智慧問診程式就存在嚴重的漏洞，其應用也沒有人們預想的那樣廣泛。

深入分析不難發現，疾病治療一旦開始，就無法重頭再來，這點與 AlphaGo 程式的應用是存在明顯差異的。對於病發原因，有很多資訊都比

較模糊；而病因方面的不確定性，加上目前醫學發展水準的限制，導致疾病治療包含了許多變動性因素。

鑑於醫療問題包含諸多複雜性因素，研究者在探索過程中面臨重重考驗，迄今為止還未獲得突破性進展。而除了開端的疾病診斷之外，接下來的治療階段將會出現網際網路在商業化發展中面臨的諸多挑戰，比較典型的是，在商業生態打造過程中，企業應該怎樣處理與醫生、醫療機構、製藥企業及藥局之間的關係。此外，即使企業推出的應用具備足夠的競爭力，但還要解決使用者吸引、使用者關係維持及使用者管理等相關問題。

（3）工作任務繁重

IBM 在醫療資料方面累計投資 40 億美元，總共獲取 1 億份就診病歷，3,000 萬份醫學影像，及 2 億份醫療保險資訊，其資料資源的整體規模突破 60 萬 TB，掌握了接近 3 億人的醫療健康資訊。Google 與 NHS 達成合作關係，掌握了 160 萬使用者的醫療健康資訊。

即使這些實力型公司的資料收集及分析能力不斷增強，但倘若一年的就診規模就高達 80 億人次，相比之下，醫療企業仍需承擔更多的任務。

◆人工智慧醫療成長空間極大

雖然以 DeepMind、Watson 為代表的人工智慧醫療企業，透過與 Google、IBM 的聯手而在發展中占據優勢地位，但這些企業在醫療產業的發展也處於初期探索階段，仍須經歷漫長的發展過程。

醫學影像解讀方面，除了通常意義上的影像（例如 X 光）之外，放射治療、病理圖像等也包含在其中。IBM 將醫療保健公司 Merge 納入麾下，可見在人工智慧應用中，醫學影像解讀是十分重要的。在 2015 年，美國的人工智慧在醫學影像解讀中的應用也確實吸引了大批投資者的關注。

綜上所述，隨著經濟發展，人們對醫療健康的重視度逐漸提高，先進科技的應用則能推動醫療健康領域的發展。未來，人工智慧技術在醫療領域的應用範圍會進一步拓展開來，人們將進入醫療智慧化時代。

第 6 章

人機共融：AI 如何重塑我們的社會生活？

6.1
社會變革：人工智慧如何為社會創造價值？

6.1.1
階段 1：取代重複工作職位

從歷史發展規律來看，每發生一次技術革新，人類社會就會發生一次重大的變革，兩次工業革命和電腦的出現所引發的社會變革就充分的證明了這一點。因此，人工智慧技術的出現和發展也將對人類現有的社會形態產生重大的影響。

如果人工智慧產品已經如手機、電腦、汽車一樣成了人們生活、工作的一部分，那社會將如何呢？部分人類勞動被機器承擔是必然會出現的現象。但當這種現象發展到一定程度時，比如人類的腦力勞動完全被機器承擔，機器可以決定人的一次三餐、交通計畫等問題時，人類社會又將如何呢？

從目前人工智慧研發、應用的現狀來看，人工智慧對人類未來社會的影響可以劃分為三個階段，具體分析如下。

在當今社會，有很多重複性的工作職位，比如司機、售票員、客服人員等等。在人工智慧普及時代，這些工作職位必然是最先被取代的。

近年來，人工智慧在模式識別方面獲得了很大成就，在某些領域的成就甚至已經超出了人類水準。在這種情況下，使用人工智慧取代這些重複性的工作職位是必然之舉。但是，這個取代過程還需要經歷很長的時間，其原因在於：第一，人工智慧在某些領域辨識的準確率還比較低，不能和人類相較。第二，部分重複性工作職位的工作環境建模困難，還需要進行一些嘗試。

　　以機器人保母為例。隨著高齡化社會的到來，機器人保母的市場發展空間非常大。但是，現在的機器人保母還不能很好的滿足照顧人的需求，簡單的家事都不能很好的完成。其原因在於，雖然保母屬於一個重複性的工作職位，但是保母這類工作的工作環境比較開放，對機器人的動作技巧有很高的要求，使得「機器人代替人來照顧人」這一需求在短時間內難以得到滿足，人工智慧、機器人取代重複性工作職位還需要較長的時間。

6.1.2
階段 2：承擔更多的管理工作

　　一旦人工智慧能對重複性工作職位進行取代，人類社會結構將產生很大的變革，人工智慧、機器人將承擔很多管理工作，走上管理職位。

　　以自動駕駛技術為例，在自動駕駛技術成熟之後，交通管理、交通協調和交通控制都可交由人工智慧負責。相較於人類管理來說，人工智慧管理將促使交通系統的執行效率得以大幅提升。因為相較於人類來說，人工智慧的出錯率會很低，因此，機器人在管理職位上有很大的用武之地。

　　待人工智慧對自然語言的理解能力成熟之後，人工智慧還將逐漸承擔公司的中層管理工作。事實上，很多大公司的管理過程已經有機器參與了，比如，很多大公司都配置了 ERP 系統、MIS 系統，在這兩大系統的支援下，辦公流程已經實現了電子化。隨著人工智慧對自然語言理解能力的增強，這些管理資訊系統的功能將得以持續提升，屆時，人工智慧承擔公司的中層管理工作就不再是痴人說夢了。

　　例如，在公司管理中，機器可以承擔監管管理工作，由於這類工作的工作流程較為固定，機器執行不僅能使人力自由運用，還能提升管理效率，降低腐敗現象的發生率。如果人工智慧能夠理解法律、法規，未來，

機器還有可能承擔各種執法工作，比如代替交通警察檢查交通違規行為等等。屆時，機器所承擔的職責會越來越多，所掌握的資源和權力也將越來越多。

在這種情況下，人類社會將發生一次巨變。人類管理社會，所有的管理活動都是去中心化的。如果機器取代人承擔起管理職責，它們所掌控的資訊和資源將透過網際網路實現共享，到那時，分散在世界各地的機器都將實現整體協調工作，人類將再次進入中心化時代。在過去集權、壟斷的情況下，人類也曾處於中心化時代，但在機器推動下形成的中心化時代與前者有天壤之別。

在前面那個中心化時代，因為管理者持有的資訊不完整，其資訊在傳遞的過程中還會不斷衰減，導致決策的正確性大打折扣。因此，那個時代的集權社會帶有一些不可彌補的缺陷，正是因為這些缺陷的存在，才產生了朝代更替。

而在人工智慧推動下形成的中心化時代，中央控制下的整合了全域性資訊的規畫和調整有了實現的可能。與前者的中央控制不同的是，這裡的中央控制不是一個人，也不是一個機器，而是整個網際網路。在這種情況下，網際網路催生了超級智慧，超級智慧賦予了全域性運算及最佳化實現的可能性。

在機器管理時代，人類將做出兩種選擇，一是順應機器管理，一是逃避機器管理。逃避機器管理的這類人雖然不能順應時代發展，享受人工智慧所帶來的便利，但依然會對人類社會產生重要的影響，比如帶來更多創新和變革的可能。

階段 3：超級客製化人工智慧

在人工智慧的作用下，社會的差異化會逐漸消失，人的差異化會逐漸增大。在人工智慧時代，網際網路將實現全面涵蓋，機器的功能會越來越強，人與人之間的資訊交流將會日益便捷，物質、資訊等資源的流動效率也會逐漸提升。到那時，共享經濟將成為現實，每個人都能實現按需所取。

在物質得到極大的滿足之後，再加之時間富裕，人類的精神追求會越來越高。到那時，人類會追求與眾不同的、獨特的、極致的體驗。人工智慧為滿足人類的這種精神需求，會朝著個性化的方向竭力發展。或許，到那時，每個人從一出生就會配備一個非常個性的人工智慧程式，我們稱它為數位化的個人助理。

這個個人助理將伴隨人的一生，從出生開始就要學習、適應「主人」的生活方式、行為方式、思考問題的方式等。儘管這些個人助理的出身可能相同（誕生於相同的程式），但由於其數量龐大，跟隨的「主人」性格各異，也會產生很多「性格各異」的個人助理。

從另一個角度來看，這些個人助理會透過一種相同的方式與網際網路連線，因此，個人助理又充當了個性化人類與同一化機器相互溝通的管道。這些個人助理經過後天模仿、學習，其行為方式和思考習慣會與其「主人」越來越像。屆時，人類就訓練出了一個「影子」，這個「影子」會生活在數位化世界中，代替人類完成溝通。在這種情況下，整個人類社會就被「搬遷」到了數位化世界，形成了一個映像社會。

在映像社會形成之後，人人都會擁有神筆馬良一般的「超能力」，藉助人工智慧和機器，人的很多願望能輕易的被實現。這種論斷源於兩方面

183

的原因：其一，在人工智慧時代，共享經濟已經存在，物質和流量自由的在全世界流通，人類的個性化需求能輕易的得到滿足。其二，在中心化管理模式的作用下，需求和供給的配對效率得以大幅提升。因此，藉助於人工智慧和機器，人類的所有願望都能得到滿足，在這種情況下，人與機器就能維持一種平衡，實現和諧共生，共同發展。

到那時，機器的驅動方式也將得到改變，不再依靠注意力驅動，改為依靠意願驅動。意思就是，人類的所有願望、意願不僅沒有阻礙機器發展，還對其系統發展產生了有效的推動作用。

總之，人類社會隨著技術革新會發生很大的變革，人工智慧時代的到來將在人類社會引發巨變，從人工智慧取代重複性工作職位，到人工智慧管理社會，再到人工智慧客製化，未來社會將發生翻天覆地的變化。

6.2
智慧生活：人工智慧如何改變我們的生活？

6.2.1
人工智慧如何改變我們的生活？

隨著人工智慧技術的成熟和發展，人工智慧走上了很多工作職位，客戶服務、交通管理、金融投資等等，正在慢慢的影響我們的生活（如圖 6-1 所示）。

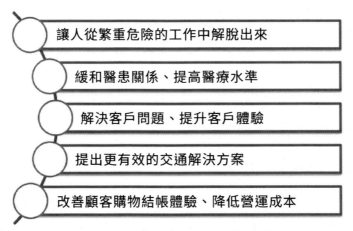

圖 6-1 人工智慧對人類生活的影響

◆**讓人從繁重危險的工作中解脫出來**

汽車製造廠的機器人自動噴塗取代了傳統的油漆工人；無人機送貨取代工作繁重的快遞員……未來，一些工作量繁重、具有危險性的工作都將被人工智慧機器所取代，人類將從這些工作中解脫出來。

　　以 Matternet 公司的無人機專案為例，在災難救援的時候，利用無人機能將物資送到車輛不能送達的地方，減少直升機空投的風險和成本。未來，無人機專案將被廣泛用於災難救援中，以減輕人力施救的傷亡，降低救援成本，提升救援效率。

◆緩和醫患關係、提高醫療水準

　　現如今，醫患關係日益緊張，患者及其家屬將病情延誤、治療效果不佳等結果全部歸咎於醫生和護士治療、護理不當。隨著這種情況的發展，「醫鬧」事件頻發，患者傷害醫生、辱罵護士等事件一度讓醫患關係降到了冰點。

　　隨著人工智慧的發展，如果將醫護工作交由人工智慧機器來完成，是否能改善這一狀況呢？人工智慧機器的所有程式都是事先設定好的，無論是手術還是護理，都能按部就班的完成，且人工智慧機器沒有緊張、焦慮、疲憊等情緒，在手術的過程中能保持很好的穩定性，能在相當程度上避免手術失誤等問題的出現，手術效果提升了，醫患關係自然也就能夠緩和了。

　　目前，由蒙特羅工程學院設計的智慧醫療機械臂就已經能在醫療工作中發揮作用了。這款智慧醫療機械臂能夠單獨完成一些簡單的手術縫合、傷口清洗等工作，還能輔助醫生做一些精細的、複雜的手術，能在手術過程中幫助醫生保持握刀的穩定性，以降低醫療事故發生的機率。

◆解決客戶問題、提升客戶體驗

　　很多公司都設有客服職位，用來接聽客戶來電等，但是由於客服的專業性較差，很多時候都不能很好的為客戶解決問題，使得客戶體驗不佳。在人工智慧成熟之後，人工智慧走上客服職位，它們能牢記所有的產品資訊，能為客戶解決所有難題。

以蘋果公司的 Siri 技術為例，該技術已經被引入了智慧型手機與車載系統中，能回答客戶所有關於產品的問題，甚至還能幫助使用者解決一些生活問題。但是因為該技術尚不成熟，有些回答會讓人哭笑不得。但是相較於無限拖延、給出模稜兩可回答的人類客服來說，該技術能迅速回答客戶問題，帶給客戶的客服體驗還是比較好的。

◆提出更有效的交通解決方案

很多人在搭計程車的過程中都會遇到這種問題 —— 你不知道位置、司機也不知道位置。在這種情況下，如果有一個司機熟知這個城市所有的道路，大到著名景點，小到一個巷道，他一定會受到所有人的追捧，但現實生活中這種司機是不存在的。依靠人腦這個問題很難得到解決，而人工智慧卻可以為這個問題提出有效的解決方案。

以 Google 的無人駕駛汽車為例，在該汽車的智慧模組中，不僅放置了 Google 地圖、GPS，還放置了各種交通規則，能夠根據行車環境選擇最佳的駕駛策略。據測試，該款汽車行駛 25.7 萬公里沒有發生過任何交通事故，說明這款汽車的安全性非常好。

◆改善顧客購物結帳體驗、降低營運成本

人們到超市購物總會遇到一個問題，結帳隊伍很長，收銀櫃檯很少，顧客往往要等待很長時間才能結帳付款，顧客總會抱怨超市為什麼不能多開幾個結帳櫃檯。對於超市來說，增設結帳櫃檯很簡單，但是額外聘請收銀人員會導致成本增加，考慮到這一點，超市增設結帳櫃檯的念頭就打消了。面對這種情況，自助收銀系統就有了用武之地。

以沃爾瑪的「Scan&Go」系統為例，在沃爾瑪超市購物的顧客可以使用手機對想要購買的商品進行掃描，購物結束之後，只需要在自助收銀裝

置上結算即可。藉助該系統，超市中的排隊長龍消失了，顧客的購物體驗提升了，自然顧客流量也就增加了，在為超市帶來高營收的同時，還降低了超市的營運成本。因為自助收銀系統的應用減少了收銀人員的數量，人工成本降低了，自然整體營運成本也就降低了。雖然目前該系統還沒有全面應用，但至少為超市全面應用自助收銀系統帶來了希望。

隨著人工智慧的發展，越來越多的人工智慧裝置成真，它們承擔了一些簡單的、重複性的、勞動量大的工作，將人類從枯燥乏味的工作中解放出來，推動其在技術革命和技術創新方面深入發展。但是很多人都在擔心一個問題：人工智慧走上人類的工作職位，會不會使大量的人員失業，會不會使現如今本就不好的就業形勢更加嚴峻？

事實上，人工智慧取代人力承擔一些工作，會增加產能，推動經濟更好的發展，進而促進服務業發展。在這種情況下，大量的人員會湧入服務業，從而創造出更多的工作職位，以拉動就業。很多人都覺得人工智慧離我們很遙遠，其實不然，人工智慧正在慢慢的滲透進我們的生活，改變我們的生活方式和行為習慣，人工智慧時代或許已不遙遠了。

6.2.2
人工智慧技術在生活領域的應用

人工智慧正在朝著諸多領域滲透，幾大典型的應用方向主要有以下幾種：

◆硬體機器人

典型的產品就是 NAO 機器人（如圖 6-2 所示）。2010 年 Aldebaran Robotics 公司開放了 Nao 的技術，並專門建立了基金會來為 NAO 機器人在教育領域的應用提供支援。

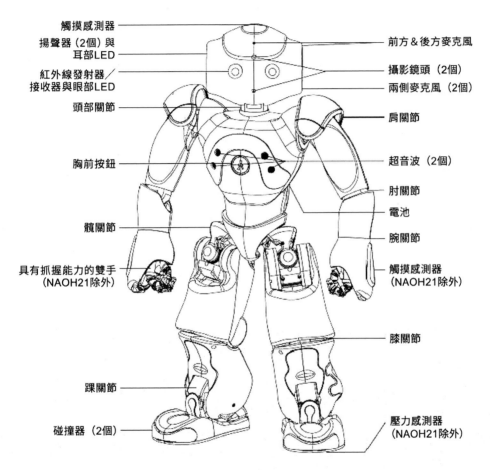

觸摸感測器

揚聲器（2個）與
耳部LED

紅外線發射器／
接收器與眼部LED

頭部關節

胸前按鈕

髖關節

具有抓握能力的雙手
（NAOH21除外）

踝關節

碰撞器（2個）

前方＆後方麥克風

攝影鏡頭（2個）

兩側麥克風（2個）

肩關節

超音波（2個）

肘關節

電池

腕關節

觸摸感測器
（NAOH21除外）

膝關節

壓力感測器
（NAOH21除外）

圖 6-2 NAO 機器人構成圖

　　早在 2007 年 7 月，NAO 機器人就被 Robo Cup（機器人世界盃）組委會確定為標準平臺（之前的標準平臺是 SONY 的機器人 AIBO）。現階段中文語境下智慧度最高的機器人大腦「圖靈機器人」對 NAO 機器人提供技術支援，從而賦予了後者更為智慧化的大腦。

◆虛擬機器人

典型的代表有微軟智慧機器人小冰、Tay 及 HTC 公司的 Hidi 語音助手等。

微軟小冰上線於 2014 年，而且接入了社交媒體平臺，為個體及企業提供社會化行銷解決方案。微軟小冰融合了超過 7 億網友在網際網路中留下的相關資料，並藉助於微軟在大數據、機器學習、自然語言處理、深度神經網路等諸多具有領先地位的高科技技術，精準掌握語義，從而與使用者進行更為人性化的交流溝通。

2016 年 3 月，微軟推出了推特聊天機器人「Tay」，微軟工程師將這款機器人設定為 19 歲美國少女的形象，並表示它可以透過不斷的學習來對自己進行最佳化完善，從而與人類進行溝通交流。但結果聊天機器人「Tay」上線不到一天的時間就被迫下線，原因是其辱罵使用者，而且語言中還帶有種族歧視和性別歧視。

HTC 為其手機使用者內建了一款智慧語音服務軟體小 hi，它可以幫助使用者傳送訊息、制定行程、獲取訊息資訊、開啟應用程式等。

除了這幾種產品外，蘋果公司還推出了聊天機器人 Siri，Facebook 也在 2016 年 4 月宣布將在其 Messenger 平臺為機器人開發者提供技術及資源支援。

◆智慧家居

典型的代表主要有 Nest 智慧溫控技術等。

Nest 智慧溫控技術可以不斷蒐集並分析使用者習慣的溫度，來對室溫進行有效控制，從而減少能耗，並提升使用者舒適度。之所以 Nest 智慧溫控技術能夠獲得如此良好的效果，最為核心的就是它能夠透過機器學習演算法不斷提升自己對溫度的控制能力。此外，接入網際網路的 Nest 智

慧溫度控制系統，可以透過相關的應用程式來實現與戶外溫度的即時同步，並透過溼度感測器來控制氣流。

◆資訊機器人

典型的代表主要包括智慧資訊 APP 及社交平臺廣告等。智慧資訊 APP 透過資訊機器人具備的大數據探勘及視覺化商業智慧呈現等技術，能為使用者提供與關鍵字相關的新聞資訊，從而讓人們享受到一種更為全面優質的閱讀服務體驗。透過智慧資訊 APP，人們可以了解每一家媒體的不同觀點及事件的發展路徑。

此外，智慧資訊 APP 支援使用者自定義主題追蹤，人們可以在第一時間了解符合自己需求的新聞資訊，而不用將大量的時間與精力花費在自己毫無興趣的推播內容上。

社交平臺的資訊流廣告也是一種十分典型的人工智慧產品，它以圖像辨識、資料探勘及自然語言分析技術為核心，可以基於使用者在平臺中的相關資料，來為其制定使用者畫像，從而向使用者推播相關廣告等。

除了上述四大類型的典型的人工智慧產品外，Bosch 的車載系統、Google 的無人駕駛汽車、電信公司的智慧客服等，都是在存在龐大發展前景的人工智慧市場的誘惑下，各大企業為了奪得先機而進行的布局。

6.2.3

家用機器人：開啟智慧生活時代

隨著人工智慧的發展，機器人研發與應用成了主流趨勢。順應市場發展趨勢，未來的機器人研發會朝著家用機器人方向進一步發展。目前，關於家用機器人的研究還不成熟，需要解決的問題還有許多。

隨著人工智慧技術及各項輔助技術的發展與進步，機器人開始逐漸出現在大眾視野中，甚至有些機器人已經走進了家庭，開始為家庭生活服務，比如智慧掃地機器人、智慧輪椅機器人等。

◆家用機器人發展所需要的技術

家用機器人隸屬於機器人產業這個大行列，它的發展需要多項技術的綜合推動（如圖 6-3 所示）。

（1）自主移動技術

能夠自主移動是家用機器人必備的功能，這一功能的實現就需要自主移動技術及相關結構的共同支援。不同的機器人其移動功能要求各有不同，這些功能的實現需要不同的技術做輔助。

但是對於移動功能模組來說，有一些問題是共通的：比如機器人自主移動方向控制策略、行動驅動與位置感測的標準化策略、在移動過程中即時處理問題的策略、整體結構通訊整合的處理策略等。

圖 6-3 家用機器人發展所需要的技術

（2）**移動和作業結構**

　　家用機器人類型不同，功能不同，工作環境也不同。在這樣的情況下，要想使機器人更好的適應工作環境，就必須為其配置移動和作業結構。因為家用機器人在做某件事情的時候不可能依靠單個結構完成，而是要將移動和作業結構銜接起來。

　　因此，家用機器人的移動和作業結構要滿足其一體化和多功能的雙重需求，要能夠適應家庭環境和作業任務的雙重需求。

（3）**感知技術**

　　機器人和人不一樣，它沒有人體的神經系統和感覺系統。但是，家用機器人在工作的時候必須能夠準確感知周邊環境及變化，並及時做出反應。因此，家用機器人必須具備一定的感知能力，必須配置神經系統。

　　機器人的神經系統就是感測器。藉助感測器，家用機器人在工作的過程中能夠非常敏感的感知到周邊環境的變化，並迅速做出反應。因此，要提升家用機器人的智慧化水準，就必須對其感測系統和元器件進行深入研發，以增強機器人對資訊的綜合處理能力。

（4）**互動技術**

　　要想控制家用機器人工作，必須能夠與其進行交流，必須建立一個完善的互動平臺。互動平臺的建構依賴於互動技術的發展，要想推動互動技術發展，必須注重視覺和聽覺的互動，以突破當前機器人研發在語言和視覺方面的技術限制，為機器人增添獨特的情感，將機器人當成朋友一樣互動和交流。

（5）**自主運算技術**

　　在日常工作的過程中，家庭機器人必須能夠自行對不同的情況、不同的

問題進行處理，因為設計者不可能跟在機器人旁邊發送指令。在這樣的情況下，機器人必須具有一定的思維，能夠對問題進行簡單的思考，這就需要自主運算技術的支援。自主運算技術能夠將思考能力附加在家用機器人身上，能有效增強家用機器人對環境的適應能力，提升家用機器人的實用性。

（6）網路通訊技術

在網際網路時代，對家用機器人面對面的發送指令已經難以滿足使用者需求了，使用者希望能對家用機器人進行遠距操控，這就需要網路通訊技術的支援了。設計者將網路通訊技術附加在家用機器人身上，使用者就能對家用機器人進行遠距操控了。

比如，使用者出差回來，想要一進門就能洗個熱水澡，就可以遠距操控家用機器人提前燒好熱水。當然，這一功能的實現不僅需要網路通訊技術的支援，也離不開導航技術和定位技術的輔助。這一技術的出現，將更大程度的擴大家用機器人的應用範圍。

◆家用機器人針對的主要需求

家用機器人在未來的發展中，其針對的需求主要展現在以下三個方面（如圖 6-4 所示）：

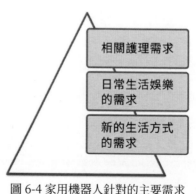

圖 6-4 家用機器人針對的主要需求

（1）相關護理需求

如今，高齡人口增多，身心障礙者比重升高。未來，在老年人和身心障礙者護理方面社會將投入大量的人力和物力，將大幅增加社會負擔。如果研發出的家用機器人，能夠為老年人和身心障礙者提供護理服務，不僅能提升他們的生活品質，還能緩解社會壓力。

（2）日常生活娛樂的需求

現如今，人們對日常娛樂的需求越來越多樣化，但是娛樂方式卻一直較為傳統、單一，難以滿足人們的娛樂需求。在這樣的情況下，能夠提供娛樂服務的家用機器人的出現就會備受歡迎，並將逐步融入人們的日常生活。

（3）新的生活方式的需求

和其他機器人不同的是，家用機器人是為家庭生活服務的，滿足的是社會大眾的需求，屬於一種大眾消費品。家用機器人的出現為人們提供了一種新的生活方式，其市場空間較大，能有效的推動國民經濟發展。

◆ 發展家用機器人的建議

（1）進行模組化結構的研究

部分國家的機器人研發與製造開始的時間較晚，很多專門從事家用機器人製造的企業還處於起步階段，很多技術還不成熟，許多關鍵技術和零部件依然依賴於進口，還不能獨立生產出執行良好的家用機器人。為了提升企業在家用機器人研發與製造方面的能力，必須對其進行模組化研究。

（2）關注家用機器人產業市場

要想推動家用機器人產業持續發展，必須完善其產業鏈。在家用機器人的產業鏈中，主要包含了兩個市場，一是軟體市場，一是感測器市場。

要想占據一定的市場占比，就必須對家用機器人的產業發展方向進行精準的掌握。而目前的家用機器人製造，其感測器多依賴於進口，且不能獲取相關的核心技術，使得家用機器人發展受到了很大的制約。

（3）加強產學研之間的結合

家用機器人製造水準的提升離不開研發水準的提升。為了提升家用機器人的研發水準，就要加強學校和企業間的合作，實現產學研結合，資訊互通，技術共享，共同為推動家用機器人的研發而努力。

隨著人工智慧技術的突破與發展，家用機器人生產與製造正在成為一個新興產業。目前，家用機器人在生產製造領域面臨著種種技術難題，要想解決這些技術難題，就必須加強研究機構與企業的合作，將產學研結合起來。此外，還要充分掌握現下的技術水準和社會環境，從低階市場向高階市場逐步推進，以推動家用機器人得以更好的發展。

6.3
人工智慧的挑戰和應對，如何掌握這一新技術革命

人工智慧引發的科技倫理問題

2016 年 11 月 16 日，第三屆世界網際網路大會召開，人工智慧成為了此次大會關注的焦點。無人車、可奔跑跳躍的機器狗、智慧停車機器人、人臉辨識系統等人工智慧產品紛紛展出，令人驚嘆人工智慧發展之快的同時也對人類的未來產生了思考。

人工智慧在為人類帶來方便的同時，會不會引起極大的失業潮？隨著人工智慧技術的進步，人工智慧機器是否會威脅人類的生存安全？將人類複雜的社會事務交由人工智慧機器處理，是否能保證公平？最重要的是，作為一場新的技術革命，人類要如何掌握人工智慧？

十多年前想像的人工智慧現如今已經到來了，Google 研發的打敗世界圍棋冠軍的圍棋程式 AlphaGo、特斯拉推出的一年內行駛了 2.2 億英里的無人駕駛汽車模型 Autopilot 等等，人工智慧已經進入了我們的生活。

關於人工智慧的到來，我們可以從下面四個方面感知：

▶ 人工智慧技術日益進步。這裡的技術包含三大層面的內容，一是大數據技術；二是機器學習、深度學習演算法；三是功能更加強大的電腦技術。

▶ 人工智慧應用領域逐漸擴展，逐漸向語言翻譯、自動駕駛、圖像辨識、語音辨識、疾病診斷、諮詢服務、個性化推薦等領域延伸。

▶ 吸引的投資越來越多。隨著人工智慧的發展，各投資機構的投資方向紛紛從科技領域轉向了人工智慧領域，很多科技公司也開始向人工智

慧公司轉型發展。典型如 Google、臉書等五大科技大廠聯合於 2016
年 9 月 28 日成立的人工智慧同盟等等。

▶ 各國開始針對人工智慧發表國家策略。2016 年 10 月，美國公布了國
家人工智慧策略──《美國國家人工智慧研發策略計畫》，從七個方
面對人工智慧的發展做出了規定，為人工智慧的發展提供了良好的社
會環境和政策環境。除美國外，英國、日本、印度等國家也發表了人
工智慧發展策略。

但目前人工智慧仍處於起步階段，要發展到高階階段──「像人一
樣思考、行動」還需要付出諸多努力，還需要很長時間。

生產力的發展、工業自動化的推進是在一次次工業革命、技術革命的
推動下實現的，人工智慧可以說是第四次工業革命，從社會發展規律來
看，這次工業革命能為社會發展帶來有利的影響自然是毋庸置疑的。

首先，人工智慧將推進工業自動化的發展，促使社會勞動生產率得以
有效提升，從而促進經濟發展；其次，人工智慧將促使公共服務得以有效
升級，從 ICT 領域延伸到醫療、教育、政府工作等領域，使工作服務變得
更加高效能、快捷；最後，人工智慧將在環境保護、瀕危物種保護等方面
貢獻力量，為建構可持續發展生態做出重大貢獻。

但工業革命是一把雙刃劍，人工智慧這一新技術革命也是如此，在帶
來龐大利益的同時也將帶來很多隱患（如圖 6-5 所示），比如：

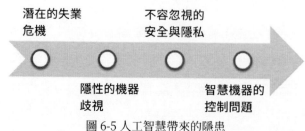

圖 6-5 人工智慧帶來的隱患

其一，潛在的失業危機。從人工智慧短期的發展形勢來看，人工智慧首先會取代一些重複性、簡單的、危險的工種，比如客服、快遞員、搬運工人、噴漆工人等，將會使一大批員工失業，這些員工將面臨危機。從這個角度來看，關於失業和經濟不平等的擔憂是切切實實存在，並將持續存在。

其二，隱性的機器歧視。現階段，機器學習演算法也好，深度學習演算法也罷，都能決定使用者的行為，比如看什麼影片、聽什麼歌曲；甚至還能決定獲得貸款、救助金的主體以及具體金額。為使用者推薦好友、根據搜尋紀錄自動為使用者推薦商品、對使用者的信用進行評估、對應徵者的能力進行評估、對犯罪風險進行評估等等。越來越多的人類活動交給了人工智慧機器裁決，我們認為人工智慧機器是公平的，但人工智慧機器是否公平卻是一個未知數，其中存在極大的公平隱患。

其三，不容忽視的安全與隱私。人工智慧依賴於演算法，但演算法卻具有不透明性和不可預見性，增加了人工智慧監管失控的發生機率，從而產生了一系列安全問題。比如，2015 年福斯汽車製造廠發生的機器人襲擊工作人員事件；2016 年發生的 Google 無人駕駛汽車與大型遊覽車碰撞事件。這些人工智慧傷人事件發生之後如何明確責任？如何將人工智慧所帶來的安全隱患降到最低？此外，隨著人工智慧的發展，所收集、利用的資料將越來越多，如何保護資料安全也是一大挑戰。

其四，智慧機器的控制問題。隨著人工智慧的發展，人類將更多的工作交由人工智慧來完成，人工智慧對人類的思想和行為進行學習和模擬，當人工智慧的智慧超過人類，人類無法掌控人工智慧的時候，人工智慧是否會反過來對人類進行控制，這是一個非常重要的問題。

6.3.2
如何應對人工智慧時代的來臨？

　　社會發展依賴於技術創新，各行各業的轉型發展都是在技術創新的推動下實現的，從電腦、網際網路、智慧裝置到物聯網、大數據、雲端運算，越來越多的新技術興起，日益走向成熟。在這些創新技術的帶領下，未來，社會領域、經濟領域將發生重大變革，新一輪產業浪潮即將湧現。

　　任何一種創新技術都不是獨立存在的，人工智慧也是如此。人工智慧是技術創新中的一分子，要想實現更好的發展，就要結合具體的產業環境和應用場景，和其他的創新技術融合在一起，以促使產業效率得以有效提升，加速產業轉型發展，獲取最大的邊際效益（如圖 6-6 所示）。

◆國家層面布局人工智慧發展

　　從國家策略層面對人工智慧的發展路線進行了規劃布局，為人工智慧的推廣應用發揮了積極的推動作用，為占得產業先機打下了良好的基礎。

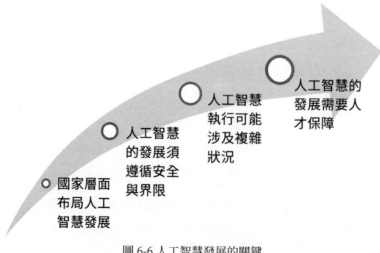

圖 6-6 人工智慧發展的關鍵

◆ 人工智慧的發展須遵循安全與界限

要明確無人駕駛汽車、無人機等人工智慧機器的責任人，以免發生事故無從追究，以促使責任人竭盡全力的避免安全風險。另外，對於人工智慧的產出，比如一本書、一首歌曲等事物要明確歸屬，防止發生法律糾紛。再者，對於關於人類責任與道德的其他產業，比如教育培訓、國家政法機關的相關事物等都不能交給人工智慧，以免出現法律糾紛難以裁決。

◆ 人工智慧執行可能涉及複雜狀況

人類設計人工智慧機器時需要設定各種程式，人類如何設定程式，機器就會如何執行。人類設計者對於某件事情是存在偏見的，這種偏見會隨著程式設定轉移到人工智慧機器中。以無人駕駛汽車為例，設定這樣一種場景：無人駕駛汽車在行駛的過程中煞車失靈，按照原定路線直行會撞到人，不直行會撞到路障，車上乘客的生命安全會受到威脅。面對這種情況，程式設計者該如何設定程式呢？

有的人認為，可以犧牲少數人的利益以保障多數人的利益；有的人認為違背個人意志就奪去他人的生命是不可取的。在很多時候，不親身經歷是很難對這些問題做出回答的，而程式設計師卻要提前設定這類問題的答案，更是難上加難。面對這種情況，為了保證人工智慧機器做出的決策與現行的法律、倫理一致，就要深化演算法研究，這對於人工智慧的研究來說是一大挑戰。

◆ 人工智慧的發展需要人才保障

人工智慧的發展離不開人才保障，無論是人工智慧的研發，還是人工智慧的使用，都需要相關人才為其提供策略。在美國的人工智慧策略中，培養人工智慧相關人才是最重要的一個組成部分。各國為了促使人工智慧

更好的發展，也要借鑑美國的這一做法，將人工智慧人才的培養視為重點，以為人工智慧的發展提供人才保障。

　　隨著人工智慧的發展，原有的社會關係被顛覆，人與人之間的關係、人與機器之間的關係、機器與機器之間的關係得以重新塑造。隨之而來的有機遇，也有挑戰，面對人工智慧帶來的挑戰，除了要從國家策略方面統領大局之外，還要加深人工智慧技術的研究，著力培養人工智慧人才，掌握好人工智慧的應用範圍等等。總之，隨著人工智慧的發展，世界會發生很多變化，人們要做的就是緊跟時代發展步伐，掌握這次技術革命，讓人工智慧更好的為人類服務。

第 7 章
智慧商業：人工智慧時代的商業新生態

7.1
下一個顛覆者：人工智慧重新定義未來商業

7.1.1
商業的顛覆：人工智慧重構六大領域

人工智慧將對社會生產生活諸多方面帶來重大變革，特別是重新定義以下六大領域（如圖 7-1 所示）：

行動社交	提升平臺入口的吸引力
智慧搜尋	提高使用者搜尋的精準性
醫療診斷	輔助醫生決策預判
智慧工廠	帶來生產製造的智慧革命
虛擬助理	滿足辦公和護理等多樣化需求
無人駕駛	與汽車產業的完美結合

圖 7-1 人工智慧重構六大領域

◆行動社交：提升平臺入口的吸引力

隨著行動網際網路的升級成熟，當前社交軟體越來越呈現出平臺入口的發展定位，而人工智慧有助於入口嵌入更多應用程式和互動方式，從而大大提升平臺入口的吸引力。應用方面，平臺提供的類似 App Store 模式的智慧模組應用軟體介面，對使用者來說是最具吸引力的；互動方式上，人工智慧有助於平臺入口融合觸控螢幕、語音、圖片、手勢等不同互動方式，形成多元化輸入模式，從而拓寬入口口徑。

到 2014 年年底，行動端已成為網友社交行為的首選入口，社交使用者規模正式超過 PC 端，且網友向行動端聚集的趨勢越來越明顯；同時，60.2% 的手機網友使用行動社交應用程式，超過 90% 的行動社交使用者每天都會使用社交 APP。龐大的使用者規模為人工智慧技術與社交網路領域的融合奠定了堅實基礎。

◆智慧搜尋：提高使用者搜尋的精準性

行動互聯時代，使用者的資訊需求和應用場景更加多元化、碎片化、行動化，PC 時代的搜尋方式已無法在大量資料中快速準確的找到有效資訊並回饋給使用者。行動時代使用者訴求的變化需要搜尋引擎更加「智慧」，可以像人類辨識物體一樣去理解使用者需求並進行智慧聯想，最終形成語音為主、文字次之、圖像為輔的智慧搜尋模式。

例如，圖 7-2 所示就是一個融合了語音語義辨識功能的智慧行動生活搜尋應用程式，針對使用者碎片化、多元化的搜尋需求，結合線上線下生活場景為使用者提供精準化的搜尋查詢服務。同時，這款產品完全接受語音輸入，有效解決了手機輸入不便、資訊顯示空間有限、搜尋場景碎片化等使用者體驗痛點。

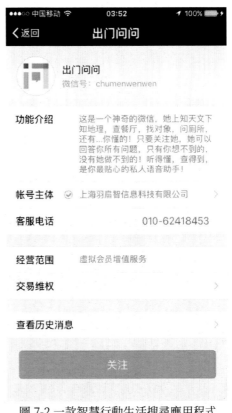

圖 7-2 一款智慧行動生活搜尋應用程式

◆醫療診斷：輔助醫生決策預判

　　醫學是一個專業壁壘很強的領域，醫生需要綜合病人的各方面資訊才能做出準確的醫療診斷。然而，在一些開發中國家，醫療資源十分短缺，如何提高資源利用率已成為醫療產業發展的重要課題。人工智慧技術提供了有效的解決方案，在提高醫療資訊化水準、輔助醫生決策預判、減輕醫生的基礎性工作、增強醫療服務品質等方面有著龐大價值。

　　例如，IBM 的 Watson 能夠利用自然語言處理技術快速閱讀和理解大量的醫學文獻，當前已儲存了腫瘤學研究領域的 42 種醫學期刊、臨床試驗的 60 多萬筆醫療紀錄和 200 萬頁的文字資料，並能夠用幾秒時間篩選出幾十年來 150 萬份癌症病患的治療紀錄，而這些病歷和治療結果都將為醫生制定更好的診療方案提供充分啟發和借鑑。

　　早在 2014 年，IBM、Wellpoint 和紐約 Memorial Sloan-Kettering 癌症中心就公布了首批基於 Watson 認知運算系統的商業化開發成果：Watson 系統透過病人情況、家族病史、當前治療方式、研究成果、期刊文章等多方面資訊的綜合資料分析，為醫生列出各種可能的診斷結果及相應的可能性大小，從而輔助醫生實現更精準的決策預判。

◆智慧工廠：帶來生產製造的智慧革命

　　整體上看，製造產業要經歷機械化、自動化、智慧化、雲端化的變革轉型，相應的生產模式也從追求數量到注重品質，再到符合行動互聯時代個性化、多元化訴求的彈性低成本生產。當前，隨著網際網路整體生態和技術能力的不斷升級成熟，雲端控制、機器視覺、C2M 模式、深度學習等創新性的先進技術和生產方式不斷被應用到製造領域，從而推動了傳統工業製造領域的整體轉型升級，進而實現生產製造的智慧革命。

◆虛擬助理：滿足辦公和護理等多樣化需求

隨著勞動力成本不斷抬升以及人口高齡化問題日益嚴峻，辦公和護理方面對機器人代理服務的需求不斷增多，這些實體服務機器人和數位祕書統稱為「虛擬助理」。

技術層面，虛擬助理是以語音辨識、語義／自然語言處理、人機對話建模和口語生成等諸多人工智慧分支技術為基礎支撐。同時，雲端運算、大數據等網際網路資訊化新技術的發展成熟，也將提升虛擬助理的決策方案優選能力和智慧化水準。

比如，微軟發表的全球第一款個人智慧助理 Cortana，其工作方式與蘋果 Siri 類似，但智慧化水準更高（如圖 7-3 所示），如 2014 年成功預測了巴西世界盃八分之一決賽中的 6 場。微軟 Cortana「能夠了解使用者喜好和習慣」、「回答使用者問題並幫助使用者安排日程」。

圖 7-3 微軟 Cortana 擁有的技能

　　具體而言，微軟 Cortana 不是基於預先儲存內容的簡單問答，而是進行智慧化水準更高的人機對話，是透過記錄使用者行為和使用習慣，利用雲端運算、搜尋引擎和「非結構化資料」分析技術對使用者文字檔案、電子郵件、圖片、影片等各類資料進行讀取和「學習」，從而更精準的理解使用者語義語境，實現人機互動的目的。

　　從 2014 年誕生以來，微軟 Cortana 不斷學習，已能為使用者提供天氣提醒、包裹追蹤、航班狀態回饋、工作安排提醒、基於 Microsoft Office 的 Word 檔案編輯和共享以及速算等諸多服務。

◆無人駕駛：與汽車產業的完美結合

　　無人駕駛是全球汽車產業的重要發展方向。根據汽車產業調查機構 IHS Automotive 的預測，2035 年左右無人駕駛汽車的銷量將達到 1,180 萬部，在汽車總銷量的占比達到 9%。隨著車載技術、感測器、雷達、攝影鏡頭與資料處理裝置等方面的不斷發展成熟，無人駕駛汽車將能夠逐步實現多路況下的停車、行駛、超車等操作，從而像人一樣真正實現對汽車的自動化、智慧化駕駛。網際網路大廠 Google 在無人駕駛技術方面位居世界前列。

　　以以色列 Mobileye 公司為例，該公司專注於汽車工業的電腦視覺演算法和駕駛輔助系統晶片技術研究。基於長期累積的千百萬英里中不同環境、不同氣候、不同道路狀況駕駛場景的資料資訊，該公司推出了 C2-270 智慧行車預警系統，受到市場的認可和青睞。

　　根據 Mobileye 公司的官方資料，到 2015 年中旬全球有超過 600 萬輛汽車使用了該公司的高階駕駛輔助系統，累積的有效實驗資料超過 2,000 萬公里。2016 年 5 月，Mobileye 聯合義法研發新一代視覺系統晶片 EyeQ5；6 月又與英特爾聯手為 BMW 公司研發無人駕駛技術。當前，

Mobileye 已成為無人駕駛技術領域極具影響力的供應商，BMW、通用、特斯拉等全球著名汽車品牌都是其客戶。

7.1.2
基於人工智慧技術的客戶關係管理

◆人工智慧對客戶關係的重構

人工智慧的應用能夠更深入的介入到客戶生產和業務營運過程，重塑客戶關係，從單純的買和賣的關係轉變為緊密合作、相互促進的共生關係。這也是人工智慧被視為與人類跨越農業時代、工業時代、資訊時代具有同等意義和龐大想像空間的關鍵所在。

人工智慧嵌入客戶業務，首先是成為處理業務的重要工具，然後逐漸演變成客戶業務運作的中樞系統，使調整、最佳化 AI 中樞系統成為所有業務活動的目的。AI 介入客戶業務，能夠獲得源源不斷的資料支援，實現自身的不斷最佳化升級，而這又會反過來推進客戶業務的發展。如此，AI 與客戶業務成為緊密聯結、相互促進的共生關係。

這與傳統的核心資料庫軟體、CRM（客戶關係管理）系統等有所不同：CRM 是相對規範化、標準化的業務邏輯，不會因具體業務的不同而有所差別；AI 則是對認知能力的抽象，在氣象、農業、工業、藝術等不同的領域和業務中，呈現出的認知與業務能力也不同，極具個性特質。

人工智慧廠商群體的發展遵循資料來源的脈絡，AI 應用與資料來源大致處於同一範疇。網際網路大廠掌握前端生活和消費領域的資料，相關應用程式也由這些廠商提供；產業資料則在產業內部，當前尚沒有企業有能力完成整合，因此處於分散割裂狀態。消費資料和產業資料雖有相互回饋的互動關係，但整體上看短期內仍將處於涇渭分明的孤立狀態。

IBM 透過非網際網路的大數據深入業內，建構認知模型，這種與廠商結合的方式為 AI 的產業應用提供了啟發和方向。深耕產業應用的人工智慧公司出於對資料的迫切需求而與資料來源公司建立了更緊密的聯結，在資本的推動下實現深度結合，進而誕生出能夠整合消費資料與產業資料、提供完整解決方案的廠商；在這個過程中，專業化的資料處理和模型建構廠商也會大量湧現。

◆客戶與廠商互動的特徵

消費領域的 AI 應用主要以線上的方式進行產品更新疊代，這方面很多網際網路公司已經有了較為成熟的運作模式。與此不同，產業中的 AI 應用將以專案的形式展開，不僅需要長時間的研發，而且要始終與客戶保持緊密對接，不斷調整機器的認知模式。機器認知能力與人在實踐中需要的對接，決定了 AI 的產業應用不會出現一款完善的產品，後期服務將成為常態，甚至是比前期產品交付更重要的內容。這一點從 IBM 對 Watson 的持續投入和緩慢應用中就可窺一二。

具體來看，AI 的產業應用包括以下特點：

▶ 與產業客戶的業務領域深度融合特徵，展現在廠商與客戶的關係層面就是客戶的轉移成本很高。基於大量產業資料形成的網路模型成為 AI 廠商的核心資產，其中包括了客戶的核心經驗，很難推倒重塑。即 AI 網路模型是以客戶的業務資料為基礎建構的，具有與客戶業務互動強化的特點，一旦相互契合、彼此強化後，網路模型就很難轉移。

▶ 消費領域的平臺特徵，即消費網際網路領域中的資料來源、商家與一般消費者以人工智慧為平臺進行雙向互動。

▶ 產業應用模型孤立、可遷移性低的特徵，即人工智慧公司在某個產業的應用模型不能複製到其他產業。雖然 AI 底層的深度學習框架相同，但正如醫療大腦與圖像辨識是完全不同的東西一樣，各產業對認知能力的具體需求是不同的。

7.1.3
資料應用：藉助資料重塑商業價值

企業要提高自身競爭實力，就要充分認識到資料的重要性，而在資料領域，人工智慧的滲透作用正不斷加強。

近年來，人工智慧呈蓬勃發展之勢。包括 Facebook、英特爾、Google 等在內的實力型網際網路企業也開始進軍人工智慧產業。另外，市場上逐漸興起越來越多的人工智慧產品，在未來，還會有更多的技術落實，助力產業發展。

除了技術方面的制約，人工智慧在發展過程中還存在商業化的挑戰。

◆ 能從大數據中獲得商業價值的企業比例較低

科學家吳恩達在一次大會上宣稱，人工智慧已成為發展重點。如今，很多實力型科技企業都競相參與到人工智慧領域，但鮮有一般企業涉足該領域。雖然有相當一部分企業能夠透過大數據來收集並分析企業發展過程中產生的資料，但根據權威統計結果，能夠從大數據中提取價值的企業僅占整體的 15%。

之所以會出現這種情況，是因為在現階段下，相比於大量資料的產生，企業對資料的分析及價值提取能力還是比較落後的。在這種情況下，

企業面臨的問題是，找到合適的著力點，提高自身的資料探勘能力，進而提升資源利用率。

為此，企業第一步要做的是，採取有效措施來提高自身的資料探勘能力。解決這個問題的難度是比較大的，不過，企業可透過人工智慧技術的應用來進行資料價值的提取與挖掘。人工智慧中包含了諸多以人機互動、智慧查詢、模式辨識為前提的技術方式。

不過，從企業發展的角度來說，人工智慧的應用不僅局限於簡單的技術學習與裝置引進。企業要使人工智慧向商業化發展，就必須將其融入到商業環境中，實現人工智慧在產業發展過程中的成形。

◆人工智慧最適於能產生大量資料的領域

有一點需要明確的是，從現階段的發展情況來看，人工智慧的應用是有一定要求的，換句話說，不是每一個領域都符合人工智慧的應用條件。在判斷某個產業是否適用人工智慧時，首先應考慮該產業在發展過程中能否產生大量的資料資源。

在人工智慧應用過程中，機器學習是必不可少的，因此，企業須為其提供足夠的資料作為參考。從另外一個角度來說，如果傳統的資料分析模式無法滿足企業進行資料探勘的需求，這時就可透過人工智慧來提取資料價值。

比如，銀行在營運過程中會出現一些壞帳，若透過人工進行壞帳處理與分析，也能夠查詢壞帳的問題所在，但伴隨著企業的發展，壞帳的規模也會擴大，如果僅靠人力資源，很難在所有交易中都及時找到問題所在。這個時候，就可採用人工智慧技術，對資料資訊進行統一收集與分析，在深度處理之後，發現資料中潛藏的規律，再結合其他相關資訊，加上從分析以往檔案中總結出的通用規律，在短時間內找到解決方案。

上述應用只是其中一部分，除了查帳，人工智慧的應用還可展現在其他方面。舉例來說，在典型產業中，可採用人工智慧與客戶進行深度交流與互動。在教育產業中，可透過人工智慧的應用實施一對一的客製化培訓。在會計部門，可採用人工智慧定期分析以往資料，減少企業承擔的風險。

◆ 人工智慧商業化的五個步驟

企業應採取何種措施透過人工智慧的應用挖掘商業價值？要使人工智慧克服商業化的瓶頸，應該按照以下流程來實施（如圖 7-4 所示）：

圖 7-4 人工智慧商業化的五個步驟

第一步：確定某個領域是否具備人工智慧應用的條件。

第二步：重視資料資源的收集。企業須擁有足夠的資料資源，才能應用到人工智慧技術。在傳統模式下，企業的運算能力有限，只能理解結構化資料，而對於大部分非結構化資料，則束手無策，如今則可運用人工智慧技術來解決這個問題。因此，企業要實現人工智慧，就要做好資料資源方面的準備工作。

第三步：創設雲端環境。雲端技術不僅是純粹的將計算力疊加在一起，還能將商業執行過程中產生的大量資料進行分門別類的處理，並且能夠將企業內外部資料結合起來。為了實現資料整合，發揮人工智慧技術的作用，企業不妨嘗試使用應用程式設計介面，實施開放式資料管理及營運。

第四步：突破傳統的運算架構。在傳統模式下，企業的運算應用具有鮮明的流程化特點，隨著發展，企業的運算技術將不斷提高，屆時，關聯學習、深度學習方式將得到一般應用，而為了跟上自身發展的需求，企業必須突破傳統的運算架構。

第五步：提高資料的安全性。伴隨著企業的發展，資料資源將逐漸成為不同企業競爭的焦點。資料的安全問題，既與使用者的個人資訊保全密切相關，又能影響到企業間的競爭。因此，當企業決定採用人工智慧時，就要高度重視資料安全。這意味著，無論是資料的獲取、資料本身的價值，還是資料分析、資料安全，都不能被企業忽視。

7.1.4

人工智慧如何改變未來的商業形態？

生產和消費猶如一枚硬幣的兩面，密不可分、互相塑造，生產能力、生產形態決定了消費水準、消費方式。正如馬克思曾經講到：我們無法想像游牧文明下的一群蒙古人去搶奪券商，因為資本主義的物質和財富形態不是生產力低下的蒙古人能夠「消費」的。即使他們搶到一輛汽車，但帶回草原又有什麼用呢？那裡並沒有支撐汽車消費的公路、加油站等現代工業生產體系。

從這個角度來看，如果想要了解當前備受關注和極具想像空間的人工智慧未來的商業形態，可以從人工智慧技術和產業發展的角度推想一二，因為未來的商業形態是以人工智慧生產體系為支撐的。

◆ 人工智慧的基礎設施潛力

人工智慧是對人腦認知機制的複製和外化，具有物化和可控化的特質，理論上任何可被人類認知的生產和消費活動，也都可以被 AI 觸達。機械手臂可以代替人類手臂完成各種靈巧的動作，這是人之力量和技能的延伸；同樣，從垂直領域到廣泛的社會領域，人工智慧也可以在各類產業中代替人類認知能力完成工作，實現對人類認知能力的延伸。

人工智慧對人類認知能力的抽象複製、同一替代和外化拓展，決定了其具有成為廣泛基礎設施的潛力。假設人腦的認知機制已被掌握並應用到機器學習方面，廠商和資料擁有者也解決了資料流通、交易機制等方面的問題，那麼認知運算系統 Watson 就不僅可以背下病歷、醫學專著，也能夠學習工藝流程、文學著作等更具「人性」的內容。

當前，SONY 的 AI 技術已可以像人類一樣編製披頭四（The Beatles）的曲子，Cainthus 公司也能透過人工智慧幫助農民飼養乳牛、耕種莊稼。如果人工智慧的資料和認知模式涵蓋到整個社會層面，那麼人工智慧也將成為社會運行的中樞。正如科幻小說《三體》中描述的那個「執劍人」，不是某個具體的人或組織，而是代替人類對社會經濟、文化、政治狀況進行綜合判斷和決策的 AI。

人工智慧將逐漸成為廣泛的基礎設施，從依賴和服務於業務，演變為以人工智慧為基礎開創各種新的應用程式、業務，微軟和蘋果 Siri 在這方面已初見端倪。

◆人工智慧企業的發展路徑

人工智慧企業的發展將主要遵循以下三種路徑（如圖 7-5 所示）：

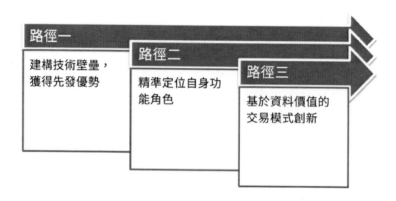

圖 7-5 人工智慧企業的發展路徑

（1）建構技術壁壘，獲得先發優勢

雖然產業應用模型各不相同，但人工智慧底層的深度學習框架具有通用性，首先搭建出這個底層框架，將會在以後各產業的應用中建立優勢。特別是在人工智慧發展早期，技術競賽基本上就是 AI 發展的全部，不過較高的技術壁壘和準入門檻又使得多數公司都沒有資源和能力參與進來，因此那些拔得頭籌的企業必然會獲得先發優勢。

（2）精準定位自身功能角色

那些被技術競賽拒之門外的企業也並非完全失去機會，可以退而求其次，精準定位自身在整體產業鏈中的功能角色。即利用技術領先公司的模型，做工程商或者深耕垂直細分領域的應用程式廠商，掌握特定產業的業務邏輯，以此建構自身在整體產業鏈中的獨特價值和競爭優勢。

（3）基於資料價值的交易模式創新

　　資料是 AI 的養料，是機器辨識與學習的前提，但資料交易從來不是一個簡單明確的事情。除了累積了龐大資料資源的網際網路大廠，其他做人工智慧的 IT 廠商在資料使用方面都不會那麼便利。客戶資料被不斷使用，但資料本身的價值卻沒有一個明確的判定標準。比如，廠商使用客戶 A 的資料建構模型，且這一模型很多情況下也可以用在同產業的客戶 B 身上，那麼廠商打造 AI 模型的成本其實有一部分是由客戶 A 來承擔的。

　　從這個角度來看，跳出傳統定價思維和定價模式的窠臼，基於資料價值創新交易模式，探索更為靈活、合理、雙贏的合作方式，也是進入 AI 產業應用市場一個不錯的切入點。

7.2
商業趨勢：人工智慧如何影響企業運行模式？

7.2.1
趨勢 1：引進人工智慧將成企業常態

人工智慧這個概念早就出現了，而人工智慧技術卻是近幾年隨著資料和投資的增加才有所發展的。近年來，隨著大數據技術的發展，人工智慧技術發展所依賴的資料大幅擴增。同時，近年來，人們在儲存、追蹤、分析技術等領域的投資也有了大幅增加。比如，在 2014 年至 2015 年一年的時間裡，致力於資料驅動專案研發的公司數量增加了 125%，企業在資料領域投入的資金也有了大幅成長，平均為 1,380 萬美元。據預測，到 2019 年，大數據技術及服務市場的市場規模將達 486 億美元。

隨著大數據技術的發展，資料獲取越來越容易，資料與人工智慧機器合作的意願越來越強烈，推動了人工智慧技術在商業領域的應用。其中，資料豐富的金融、銷售、醫療等領域率先引入了人工智慧機器，在預測分析、圖像辨識、機器學習等功能的作用下，企業營運方式、醫療方法都在逐漸轉變，正在朝著創新的方向逐步發展。

為了對人工智慧對企業的影響進行更好的研究，Narrative Science 公司做了一項調查，調查對象為 230 名商業領域及技術領域的高階主管，這些高階主管來自各行各業。透過調查，匯總出了人工智慧影響企業運行的四大發現：

▶ 即使市場形勢混亂，引入並使用人工智慧也迫在眉睫。

▶ 預測分析正在對企業產生主導作用。

▶ 資料科學人才缺失對公司產生持續影響。

▶ 只有創新才能幫助企業在技術投入中獲取價值。

目前在日常生活中，人工智慧產品隨處可見，在購物領域有亞馬遜推薦系統為顧客提供購買建議；在醫療領域有 IBM Watson 為醫生診斷癌症提供輔助；在電子產品領域有可以執行語音指令的 Siri；在交通領域有無人駕駛汽車、無人機等等。人工智慧已經開始在人類的工作和生活中發揮作用了。

儘管近年來人工智慧領域備受關注，新的智慧產品也層出不窮，但人工智慧的使用卻仍處於起步階段。據調查，2015 年應用人工智慧的企業占比僅為 15%。雖然在 2016 年應用人工智慧企業的占比提升到了 26%，但比例依然很小，說明很多公司依然沒有引入人工智慧的意識，或者依然沒有找到一種合適的方法將人工智慧融入其傳統業務中。

但不容忽視的一點是，為數不少的公司沒有引入人工智慧技術，卻在使用預測性分析、語音辨識、圖像辨識、自動對話等人工智慧技術支援的解決方案。這一現象說明，儘管目前很多公司都沒有正式使用人工智慧技術，卻在無形中引入了人工智慧技術支援的解決方案。

該現象告訴我們：由於人工智慧涉及的領域太廣，人們對人工智慧的概念還沒有明確的認識，對人工智慧技術的投資報酬率沒有明確的概念，這成為人工智慧應用受限的一大關鍵原因。事實上，相關的調查也正是，仍未採用人工智慧技術的一大原因就是對人工智慧技術的價值定位不明確。

人工智慧是隨著資料分析及挖掘技術的成熟才開始走進人們生活的，一些企業沒有引入人工智慧技術的原因是受資料缺失的影響。但目前，在全世界，每天被創造出來的資料有 2.5quintillion（百萬的三次方）位元組，從這個角度來看，人工智慧技術成形只是時間的長短問題而已。儘管目前還有很多公司尚未採用人工智慧技術，但這只是暫時的現象。

7.2.2
趨勢 2：預測分析技術主導企業運行

　　人工智慧是一個非常廣泛的領域，它有很多形式，比如推理、演繹、自然語言生成、人工智慧解決方案等等。其中，融合了多項人工智慧技術的人工智慧解決方案最先受到了企業的青睞。

　　在人工智慧解決方案中，使用頻率最高的就是預測分析。預測分析就是藉助資料探勘、資料統計、資料建模、機器學習等方法對現有的資料進行分析，對未來進行預測。

　　在上述的調查中，曾使用過預測分析的受訪者占 58%。使用頻率僅次於預測分析的解決方案是自動生成書面報告、通訊與語音辨識及回應，在該項調查中，曾經使用過這兩種解決方案的受訪者占 25%。

　　企業採用預測分析是因為看到了預測分析所帶來的價值。但實際上，在「人工智慧解決方案提供的最重要的好處是什麼？」的調查中，38% 的受訪者認為應該是提供預測。而要提供預測，保證預測結果的準確性離不開兩大條件，一是技術，一是資料。也就是說，隨著人們追蹤資料、儲存資料、管理資料的活動日益複雜，要想充分發揮資料應有的作用，就必須不斷的提升其可用性。

　　人們之所以如此重視預測分析，其原因在於它在很多產業都能得到廣泛應用，能有效的規避產業風險，推動產業得以更好的發展。比如，製造產業，受天氣、地緣政治事件、罷工等因素的影響經常會造成工期延誤，預測分析能夠透過預測進行調整，減少工期延誤情況的發生次數，提升供應鏈管理效率。

　　目前，在所有的人工智慧解決方案中，預測分析是使用頻率最高的解決方案。隨著人工智慧的發展，其他的解決方案也將陸續發揮作用，比如

高階的自然語言生成。該技術要發揮作用，首先要對人的想法進行了解，抓住溝通重點，對資料進行分析，突出重點和有趣的內容，之後將其引入自然語言。

該技術在自動化資料分析或自動化生成報告等領域有廣泛應用，並能大規模的形成個性化溝通。此外，該技術獨有的創作能力還能被引入其他的分析平臺生成一些文字化的敘述，對資料中模糊的見解或者單獨的視覺化結果進行解析。

7.2.3
趨勢 3：人工智慧技術推動企業創新

人工智慧技術的發展離不開資料。現階段，在資料領域，企業要做的事情不是獲取資料、儲存資料，而是充分發揮資料的價值，降低其理解難度，提升其有效性。該調查結果顯示，資料科學人才缺失將對公司產生持續影響。預計到 2018 年，在全球，資料科學家的供給將呈現出嚴重的不平衡現象，需求量將超過供給量的一半。

對有過大數據技術使用經歷的受訪者進行調查，50% 的受訪者表示他們公司擅長利用大數據解決問題；45% 的受訪者表示使用大數據技術能為客戶帶來有價值的資訊；95% 的受訪者表示他們在熟練使用大數據技術解決問題的同時還使用了人工智慧技術。

該數字在 2015 年僅為 59%，一年的時間從 59% 上升到 95%，說明很多公司都在藉助人工智慧技術來彌補資料科學人才缺失的短板，以促使其資料科學能力能得以有效提升。

企業要創新，要成功，必須具備兩個條件，一是優秀的團隊，二是獨立的創新預算。在相關調查中，54% 的受訪領導者表示公司有明確的創新

策略；62% 的受訪領導者表示公司有獨立的創新預算。對有無創新策略的公司進行分析，可以得出如下結果。

比如，在有創新策略的公司中，63% 的受訪者表示他們在解決業務問題時能非常熟練的使用大數據技術，37% 的受訪者表示他們能有效使用人工智慧支援的資訊指導決策，61% 的受訪者表示他們正在使用人工智慧大數據來挖掘潛在的機會；而在沒有創新策略的公司中，這兩項調查的結果分別為 13%、9% 和 22%。

調查結果顯示，只有創新才能幫助企業在技術投入中獲取價值，只有致力於創新的公司才能在採用、測試新技術的過程中獲取最大的衍生價值。

現階段，世界各國的企業都在積極引入人工智慧技術，來為企業運作提供更有效的支援，為他們的客戶提供更有價值的資訊和更加優質的服務。人工智慧的未來超乎我們的想像，但在現階段，人工智慧的主要用途為幫助公司挖掘新的市場機遇，規避企業營運風險，增加企業收入。從這個角度來說，人工智慧能為企業帶來的價值是龐大的。

儘管目前人工智慧技術的使用依然處於起步階段，但是很多企業在近期都有了引入人工智慧技術的想法，在不久之後，人工智慧技術一定能得以普及應用。而企業要想更好的利用人工智慧技術，必須致力於創新，因為只有創新才能讓這些新技術在最短的時間內進入測試、使用階段。但要注意的是，技術與成功創新之間不能劃等號。

企業要想成功創新，需要將文化、才能、智慧系統這三大要素相結合，培養人與機器共同探索、創新的環境，來為創新的成功提供有效的保障。在未來，隨著人工智慧的發展，人機合作將成為普遍現象，屆時，企業將擁有強大的獨立創新能力，將實現更好的發展。

7.3
未來公司：人工智慧顛覆企業傳統管理模式

變革 1：行政管理工作的「智慧化」

　　Google AlphaGo、無人駕駛汽車、無人機、OCR 技術……人工智慧領域的成果正在不斷誕生，並向各行各業滲透，如交通管理、客戶服務、風險控制、政府工作等等，人工智慧取代了人力勞動，很多職位都已經實現或者正在實現自動化、智慧化。未來，隨著人工智慧技術的成熟，各種行政管理工作或許也將交由人工智慧機器來完成。

　　為了分析這個問題，《哈佛商業評論》（*Harvard Business Review*）曾對 1,770 位管理者做過一個調查，調查範圍涉及 14 個國家和地區，其中有 37 位管理者負責企業的數位化轉型工作。

　　《哈佛商業評論》的調查結果顯示，各級管理者在協調和控制工作領域投入龐大，有將近一半的時間都放在了這些工作上。比如，某醫院的護理長，要根據護理師的個人情況不斷的調整值班表，以保證每個時段都有足夠的護理師值班。這些繁瑣的行政工作是管理者最希望人工智慧發揮作用的領域，他們希望人工智慧能夠自動處理這些事務，事實上，人工智慧不負眾望，也確實能夠幫管理者分擔很多工作，解決很多問題。

　　再比如，在引進人工智慧軟體機器人之前，美聯社能報導的企業季報數量為 300 篇，引進人工智慧軟體機器人之後，美聯社能報導的企業季報數量增加到了 4,400 篇。在這種情況下，美聯社的記者就可以將富餘出來的時間放在撰寫解讀性報導和調查報導之上。

人工智慧技術能幫助記者撰寫企業季度報導，自然，也能幫助管理者撰寫管理報告。在現實工作中，人工智慧技術已經被用來撰寫某些分析性的管理報告了。2016 年，Tableau（一家資料分析公司）宣布與 Narrative Science（一家自然語言生成工具提供商）達成合作，共同致力於 Narratives for Tableau 的開發，該應用可以為 Tableau 圖片提供相應的文字內容。

關於人工智慧對人類管理工作所帶來的改變，受訪者都做出了非常積極的反應，其中 86% 的受訪者希望人工智慧能幫助他們分擔監控及報告類工作，以減輕工作負擔。

7.3.2
變革 2：幫助企業管理者決策分析

人工智慧固然能幫助管理者處理很多資料，甚至能為商業決策提供支援，但是因為人工智慧缺乏決策所必要的洞察力，因此，人工智慧是不能自動生成商業決策的。所以，管理者就需要在這方面做出努力，將經驗和技能結合起來，融入組織文化、倫理反思等因素，制定科學的商業決策。

在人工智慧時代，管理者要想應用智慧機器獲得更佳的決策，必須具備資料解讀與分析能力、判斷導向的創造性思維和嘗試能力以及策略開發能力等一系列相關的技能。

也就是說，面對人工智慧的特點，管理者要改變以往「照章辦事」的行為習慣，累積經驗，提升判斷力，強化即興創作能力。最重要的是要明白一點：即使人工智慧機器能幫助管理者決策，它也只是一種技術方法而已，不能取代管理者的管理地位，更不能執行管理者的決策權力。

管理者要想與人工智慧和諧相處，首先要端正對人工智慧的認識，將其視為「同事」，而不是「競爭者」，更不是「敵人」。因為，人與機器的

競爭是沒有必要的。人類的判斷力很難實現自動化，但人工智慧卻能很好的彌補這一缺陷，為人類的判斷、管理和決策等工作提供幫助和支援，並能做一些輔助工作，比如進行模擬運算、對各種活動進行搜尋等。相關的調查也顯示，相當比例的管理者在做商業決策時會相信人工智慧提出的建議。

在 Kensho Techonlogies 中就有一個這樣的系統，投資經理可以問一些關於投資的問題，比如，在利率調控前後 3 個月的時間裡，哪些產業值得投資？系統會在幾分鐘之內給出答案。這個系統的功能是非常強大的，除了能夠解答問題之外，還能為管理者評估決策結果、考慮問題的各種可能性提供有效支援。

藉助人工智慧，管理者的工作效率能得到明顯提升，管理者與機器也能透過各種方式進行良好的互動，比如與機器對話等。到那時，人工智慧機器就不再是一個冷冰冰的機器，它會成為管理者的隨身助理或者私人顧問，甚至還能帶有很多人性化的特點。

7.3.3
變革 3：管理者與人工智慧優勢互補

管理者要具有豐富的創造力，這一點毋庸置疑，但比自己擁有創造力還要重要的是能夠有效利用他人的創造力。管理者與設計師有異曲同工之處，他們都具有強大的整合能力，能將各種雜亂的想法整合成一套完整的、可行的方案，能將設計思維與團隊管理、組織管理很好的融合到一起。

在未來的人工智慧時代，面對人工智慧機器逐漸承擔常規行政工作的情況，管理者更應該注重提升自己的創造性思維與實踐能力。

在進行數位化轉型的大型企業中不乏能提出創意性想法的人，缺乏的是能將這些零散的想法整合起來，創造一套與眾不同的解決方案的管理者。因此，對於數位化企業來說，具有創造力、好奇心、協同能力的管理者是剛性需求，這種需求在人工智慧時代也不會衰弱。

很多企業中的管理者對判斷力的重要性都有非常明確的認識，卻忽略了社交技能與人脈網路的價值。管理者的社交技能高，其人脈網路就能搭建得好，培訓能力與合作能力也會很出色。管理者擁有了這些能力，自然能在人工智慧時代保持主導優勢，即使那時的行政工作和分析工作都交給了人工智慧機器負責。

因為，即使挖掘合作夥伴、客戶等主體的相關資訊需要依賴數位技術，但是要將這些資訊昇華成解決方案還需要依賴經驗做出科學的分析、對不同的觀點進行整合，這些都是人工智慧機器不能做到的。

未來，隨著人工智慧技術的發展和成熟，人工智慧將成為低成本運作、高效率工作、公平處理問題的輔助者。對於管理者來說，這不是威脅，而是幫助他們減輕工作負擔、推動他們走向更高領域的工具。

以撰寫報告為例，人工智慧機器固然可以撰寫報告，但他們不能和員工交流，也不能在員工群體中形成目標感。從這個角度來說，起草策略、做出決策等工作依然需要管理者完成，人工智慧機器只能承擔追蹤、監督、服務等工作。也就是說，人工智慧機器只能輔助人類管理者工作，比如為管理者決策提供支援、實現行政流程自動化等等，而不能取代人類管理者做決策。

在未來的人工智慧時代，大量的工作將被人工智慧機器取代，以人類為主導的工作將備受青睞，分析人才也將成為各企業追逐的對象。為了更好的應對這種情況，管理者需要採取以下措施：

▶ **主動探索**。為了能夠更好的應對人工智慧所帶來的變化，人類管理者要主動探索，積極引入人工智慧，對人工智慧形成自己的思考，並將這種思考放到下個階段的嘗試中去。

▶ **制定新的關鍵績效指標，以推動人工智慧的普及應用**。在引入人工智慧之後，企業考核員工績效的標準要發生變化，合作能力、決策能力、實驗能力、資訊共享能力、學習能力、思考能力將成為關鍵指標，以激勵人類員工不斷進步、發展。

▶ **重新制定培訓和徵才策略**。在引入人工智慧之後，管理者要重新制定培訓與徵才策略，組建能力多樣化的團隊，在經驗、創造力、社交技能等因素方面維持平衡，相互補充，共同發展，以為做出科學的集體判斷提供有效支援。

儘管在短期內人工智慧不會取代人類管理者的工作，但隨著人工智慧技術的快速發展，這種情況一定會出現，所帶來的改變也會超出大多數管理者的想像。對於有準備、有能力的管理者來說這是一個機遇，人工智慧對管理工作進行了重新定義，藉助人工智慧他們能實現更好的發展。

第 8 章
機器人紅利：掀起新一輪工業革命浪潮

8.1
機器人時代：搶占未來全球製造業制高點

8.1.1
機器人策略引領變革

全球製造業目前正處於轉型升級的關鍵點，以資訊化、自動化、智慧化為特點的智慧製造成為引領製造業變革的強大推動力量，而機器人產業的發展將成為第三次工業革命的新一輪爆發點。

當前，工業機器人在汽車零部件、化工、金屬加工、電子、機械等領域有著十分廣泛的應用，尤其是在汽車零部件以及電子電器兩大領域，幾乎占據了工業機器人應用的一半以上。相關統計機構公布的資料顯示，某一國家的 2000 年工業機器人的擁有量僅為 3,500 多臺，而 2011 年工業機器人擁有量成長至 7 萬臺以上，到了 2013 年工業機器人擁有量約為 13 萬臺，2014 年工業機器人擁有量更是達到了 18.6 萬臺。

從整體角度上，機器人產業的發展引發的工業革命具有以下五個方面的特點（如圖 8-1 所示）：

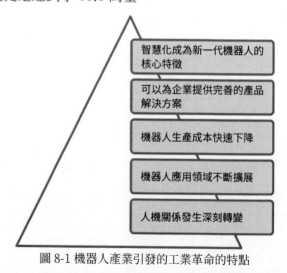

圖 8-1 機器人產業引發的工業革命的特點

（1）智慧化成為新一代機器人的核心特徵

智慧化的機器人將根據外界環境的變化自動進行調整，從而有效降低對人的依賴。未來將出現更多的無人工廠、數位化生產工廠，它們根據訂單需求自動完成產品的加工生產。

（2）可以為企業提供完善的產品解決方案

隨著資訊科技的進一步突破，接入網際網路中的工業機器人將更加有效的協同工作，由此組成的更為龐大、更為複雜的生產系統，將滿足日益多元化及差異化的產品生產需求，並為企業提供更為完善的產品生產解決方案。

（3）機器人生產成本快速下降

與機器人相關的技術及生產工藝逐漸成熟，機器人的 CP 值得到有效提升，企業引入全自動化工業機器人的成本更加低廉。目前，製造產業的領軍者正不斷的加快高階製造技術研發及自動化產品生產，其生產的機械手及工業機器人以年均 60% 的增速迅速成長，掀起了眾多製造企業「機器換人」的新浪潮。

由於智慧機器人在精細化、資訊化、智慧化方面具備的強大領先優勢，使其在生產實踐中比傳統機械裝置具有更高的效率、更高的產品品質，從而有力的提升了企業品牌的溢價能力，為企業帶來了更高的收益。

（4）機器人應用領域不斷擴展

隨著智慧化程度的不斷提升，機器人的應用範圍從最開始的汽車製造業逐漸拓展到更多的領域。機器人在紡織、食品、航太、國防軍事等領域也開始廣泛應用。未來隨著技術的不斷突破及勞動力成本的提升，機器人的應用範圍將擴展到人類社會中的各個方面。

（5）人機關係發生深刻轉變

未來機器人作業系統及控制系統的設計更趨標準化及平臺化，人們甚至可以透過以手錶為代表的智慧穿戴裝置對機器人進行一系列操作。在產品生產中，人與機器人合作完成目標將成為主流發展趨勢，機器人技術的不斷成熟，會使人與機器人之間建立足夠的信任，進而引發人機關係的深刻變革。

21 世紀以來，機器人成為衡量一個國家科技水準與高階製造水準的重要標準。世界各國紛紛加快機器人產業布局，並為機器人產業的發展制定了長期的策略規畫，從而使國家在未來的世界經濟中擁有更多的話語權。

機器人產業的發展，使機器人不再只是取代人類機械性勞動的簡單工具，智慧機器人甚至能完成一些人類無法完成的腦力勞動。這不僅促進了生產效率的大幅度提升，更有效緩解了傳統生產方式中生產成本與產品多樣性之間的矛盾，從而實現了產品的線性開發模式向並行開發模式的轉化，在縮短產品研發週期的同時，產品的品質也得到了有效提升。

8.1.2
世界各國搶灘機器人產業紅利
◆日本

日本工業機器人自誕生以來的發展歷程可分為四個時期：

1967 年至 1970 年為初期發展階段，日本川崎重工業株式會社借鑑美國 Unimation 公司的機器人研發技術，在日本建設工廠，在 1968 年推出首臺機器人。

1970 年至 1980 年為第二個時期，這個時期的日本機器人研發及生產更注重實效，發展速度明顯提升，在這期間，工業機器人的成長速度超出 30 個百分點。

　　1980 年至 1990 年間為日本工業機器人發展的第三個時期，在這個階段，日本官方機構鼓勵各產業進行工業機器人的應用，並獲得顯著效果，日本機器人的出產規模到 1982 年時達到 2.5 萬臺，世界各國擁有的高階機器人中，有一半以上集中在日本，4 年之後，該國擁有的機器人規模接近 10 萬臺，機器人領域的整體生產規模在 3,000 億日圓以上，1990 年時，這個數字變成原來的兩倍之多。

　　1990 年至 2013 年為日本工業機器人發展的第四個階段，這一時期的日本出現嚴重的經濟危機，加上日圓貶值，致使日本的機器人發展速度在 1995 年後出現下滑，在 2005 年至 2009 年期間，日本工業機器人的市場占比走低，到 2009 年時，其機器人生產總值在 3,000 億日圓以下，不過在 2011 年後，其機器人產業的發展逐漸恢復。資料統計顯示，到 2014 年，日本擁有的工業機器人數量在世界整體中的比重達 30 個百分點。

　　工業機器人占據日本機器人產品的大部分。國際機器人聯合會的調查結果顯示，日本的工業機器人市場占比在 2014 年時居於世界首位，工業機器人擁有量達 12.7 萬臺，銷售規模達 2.8 萬臺。

　　以機器人的用途為標準進行劃分，日本工業機器人有如下四種：原材料運輸機器人、清潔機器人、噴塗機器人及裝配機器人。工業機器人的應用可展現在自動化零部件、電機機械製造以及塑膠製品領域，其應用比例分別為：35.1%、27.3%、9.7%。根據調查結果，電子及汽車產業是日本工業機器應用最為集中的產業，其比重超出 60%，帶動了該國機器人產業的發展。

　　再來分析一下日本機器人的對外貿易。在 2005 年至 2014 年間，其售往海外國家的機器人遠遠超出日本國內市場。舉例來說，日本在 2014 年總共向海外國家出售了 9 萬多臺機器人，在其整體銷售中的比重超過 77

個百分點，出口額達 3,100 億日圓，比 2013 年增加了 86.6 億日圓。以中國、菲律賓為代表的亞洲國家是日本的機器人銷售的主要市場。

在現階段下，應用領域方面的限制在相當程度上阻礙了日本機器人的進一步發展。如今，日本工業機器人在食品、化妝品及藥品產業的應用發展尤為突出，相比於其他產業，這三個領域在衛生方面設定了較高門檻，機器人能夠透過先進的技術應用滿足其發展需求。

另外，儘管日本服務機器人的應用拓展迅速，但大部分機器人都無法滿足大規模的產品生產需求。舉例來說，雖然日本已經推出針對醫療護理及災難救援的機器人，但在現有技術條件下，很難進行廣泛應用，且國家相關部門並未建立相應的制度規範。

◆美國

美國工業機器人自誕生以來的發展歷程也可分為四個時期：

1960 年代至 1970 年代為第一個時期，這一時期美國工業機器人並未進入實踐階段，美國於 1962 年成為世界上第一個開發出工業機器人的國家，但政府考慮到國內失業率居高不下，唯恐機器人的普遍應用會使失業問題更加嚴重，就沒有在這方面做過多投入，其機器人發展僅限於部分企業聯手大學從事科學研究。

1970 年代末到 1980 年代為第二個時期，官方部門與相關企業開始轉變對機器人發展及應用的態度，加重技術研發，在這個時期，機器人的開發主要展現在海洋領域、航空領域、軍事領域，政府與軍方是機器人應用的主導對象，從市場化營運方面來分析，美國是落後於日本的。

1980 年代末到 1990 年代初為第三個時期，在這個時期，美國政府進一步了解到工業機器人的重要性，相關部門也開始就機器人的應用發表統

一標準規範，機器人研發及生產的水準不斷提高，人們對機器人的效能有了更高的期待，由此驅動了美國的機器人生產商開始進行精細化開發，賦予機器人更多的感知能力，提高其智慧化水準。

1990 年代中期以後開始進入第四個時期，美國的機器人軟體開發及應用超越許多國家。以微軟、蘋果為代表的科技類企業正在進行機器人語音辨識技術的深度開發；與此同時，Facebook 為代表的公司則更注重圖像辨識的開發，推動了美國機器人軟體的發展。

美國的機器人市場在全世界居於第三位。由於美國在這個時期相當注重智慧化生產，再加上政府對製造業發展的重視，美國的機器人市場規模呈逐年上升趨勢。然而，機器人的利潤空間並不大，對技術的要求也不高，因而，美國的機器人生產廠家並不多，相比之下，大部分相關企業都聚焦於技術的開發與升級。

資料統計顯示，到 2015 年，美國擁有的機器人相關專利達 16,000 件。這些獲得認可的機器人技術分為兩種：基礎技術與尖端技術，前者以機床零件、機械手、銲接技術為代表，後者以太空機器人、國防機器人為代表。

隨著發展，製造業對生產過程的自動化、智慧化需求不斷提高，機器人供應商開始出產更多的機器人，來對接廠商的需求。資料統計顯示，從 2010 年起的四年時間裡，該國的機器人銷售每年的複合成長率可達 18 個百分點。到 2014 年時，美國擁有的工業機器人規模可達 22 萬臺，在製造領域，每 1 萬個工人配置的機器人達 152 臺，在某些自動化生產中，1 萬個工人配置的機器人數量可達 1,111 臺。

◆韓國

韓國機器人的發展晚於美國，但成長速度驚人。進入 1990 年代後，韓國政府開始意識到工業機器人的重要性，並為其發展提供政策支援。韓國在 2004 年開始實施「無所不在的機器人夥伴」專案，進一步推動了該國工業機器人的發展。

韓國政府於 2008 年公布《智慧機器人促進法》，把機器人產業的發展納入到國家整體發展規畫中，促進了專業人才團隊的建設，加速了相關服務平臺的落成。此外，該國在 2012 年公布《機器人未來策略 2022》，準備拿出 3,500 億韓元用於機器人產業的發展，等到 2022 年時，使機器人產業的整體規模達到 25 兆韓元。

之後，韓國的相關政府部門又進一步細化了上述策略，於 2013 年公布《第二次智慧機器人行動計畫（2014～2018 年）》，計劃到 2018 年時實現 20 兆韓元的機器人國內生產毛額，其市場規模在全世界的比重達五分之一。

韓國的機器人市場在全世界居於第四位。在 2011 年，該國的機器人市場規模達 2.55 萬臺，更新了韓國的歷史紀錄，到 2014 年，仍然保持 2.47 萬臺的高水準，與此同時，該國相關企業的市場占比在世界整體中的比重可達二十分之一，其產品多為汽車零部件，電子零部件占據了其中大部分。

◆德國

德國的機器人產業以迅速姿態崛起。在該國的機器人產業起步時，政府部門發揮了極大的推動作用。舉例來說，政府部門於 1970 年代推出「改善勞動條件計畫」，用工業機器人代替人工完成一些危險的操作。如

今，德國政府聯手相關經濟部門實施「工業 4.0」策略，採取措施提高該國製造產業的現代化水準。

德國的機器人市場在全球居於第五位，在歐洲排名第一。到 2014 年，該國的機器人市場規模達 2 萬臺以上，比 2013 年提高了 10 個百分點。自 2010 年起的五年間，德國工業機器人平均每年增加 9 個百分點，其中，大部分機器人是服務於汽車領域的。到 2014 年時，德國每 1 萬個工人配置的機器人數量超過 280 臺，遠遠超出英國與法國。

8.1.3
全球機器人產業發展規模及趨勢

國際機器人聯合會（IFR）的調查結果顯示，21 世紀以來，工業機器人在全世界的許多國家及地區受到歡迎，世界所有國家的工業機器人出售規模在 2015 年時為 24.8 萬臺，比 2014 年同期增加了 15 個百分點。

在這之前，工業機器人在全世界的銷售量從整體上來說也處於成長狀態。在所有國家的工業機器人銷售中，占據主體地位的為中國、美國、德國、韓國與日本，其銷售總量占據整體的四分之三。目前，世界多個國家都在積極進行工業機器人技術、標準的建設，其機器人需求量也不斷增加。

◆ 工業機器人發展高度集中

在世界各國中，日本、韓國與德國的工業機器人生產與銷售表現得尤為突出，其機器人擁有量及年均成長幅度都超出其他國家。

日本、韓國與德國的機器人擁有量在全世界都處於優勢地位。國際機器人聯合會的資料統計結果顯示，2013 年時，日本擁有 30.4 萬臺工業機

器人，韓國次之，為 15.6 萬臺，德國擁有 16.8 萬臺。到 2014 年，日本、韓國及德國的機器人分布密度依次為：323 臺／ 1 萬名勞動者，437 臺／ 1 萬名勞動者、282 臺／ 1 萬名勞動者。

日本、韓國與德國在 2014 年的機器人成長規模，在全世界的比重大約為 31 個百分點，日本的工業機器人市場規模為 2.9 萬臺，韓國為 2.1 萬臺，德國為 2 萬臺。那時，世界各國的傳統製造業都在尋求改革升級，這三個國家的機器人市場占比在整體中的比重，與上年同一時期相比有所下降，但三國的工業機器人發展仍然在世界上處於領先地位。

具體而言，日本的機器人市場已進入相對完善的發展階段，該國的機器人製造也擁有顯著優勢，其功率電子技術、微電子技術的研究及發展可代表國際先進水準。韓國的技術優勢集中展現為智慧化感測、半導體技術方面。德國在機器人研發方面的優勢則表現在視覺感應、人機互動、機器連通上。德國庫卡機器人公司（KUKA）是世界領先的工業機器人製造商，在多個國家建設了分支機構，一年之內可為世界市場提供 1.8 萬臺機器人。

◆服務機器人市場處於起步階段

服務機器人可分為兩種：專業服務機器人、個人或家庭服務機器人。從該領域的市場發展情況來看，目前世界各國的服務機器人尚處於探索時期，因多國出現人口高齡化問題，勞動力短板日漸明顯，對機器人的需求量提高。

與此同時，經濟的快速發展使人們的消費水準不斷提高，而大數據、智慧化、人機互動等技術不斷推陳出新，使服務機器人擁有廣闊的發展前景。資料統計顯示，服務機器人產業的市場規模到 2017 年時將超過 461 億美元，其年複合成長率超出 17 個百分點。

8.1.4
亞洲機器人產業發展現狀與特點

　　隨著亞洲各國製造業的發展，該地區對工業機器人的市場需求也日益增多，如今，亞洲的機器人使用規模占到全球總數的一半，排在美洲與歐洲之前。自 2012 年起的 4 年時間裡，亞洲機器人銷售規模的成長比重每年可達 15 個百分點，比美洲高出 9 個百分點。

　　資料統計顯示，亞洲在 2015 年的機器人銷售規模達 14 萬臺以上。其中，市場需求較大的幾個國家是中國、日本、韓國與泰國四個國家，這四個國家在 2014 年的機器人使用量占到整個亞洲的四分之三，且在全世界的排名都在前十位，不僅如此，這幾個國家的機器人市場規模在世界工業機器人銷量中的比重超出二分之一。

　　再來分析一下市場分布情況，目前，亞洲的工業機器人銷售總量居世界首位，2015 年時，該地區的機器人銷售規模達 15.6 萬臺，比美洲、非洲及歐洲的總和還多出 80%，根據目前的發展情況來推測，2018 年亞洲的機器人銷量將比上述三個地區的總和多出 140%。

8.2
大數據＋機器人：數位化智慧製造的新路徑

8.2.1
傳統製造業自動化、智慧化變革

　　將大數據與雲端運算技術應用到製造業後，企業不但可以對產品生產流程的各個環節進行即時監測，從而及時處理各種問題、對產品進行最佳化設計，還能讓企業擁有高效能處理合作夥伴及廣大消費者回饋的非結構資料的能力。

　　在全世界，機器人產業的發展水準向來是衡量一個國家科技發展水準的重要指標。而隨著相關企業研究的持續推進，未來的機器人不但會更加的低成本，成為一種大眾化消費品，而且還將更為智慧化，帶我們走入人機共融的新時代。

　　一些國家將機器人產業作為未來一大重點發展領域。透過提升在機器人產業的資源投入規模，使與機器人相關的控制器、感測器、減速器及機器人本體等方面獲得實質突破，促進機器人產業朝著規模化及模組化方面不斷邁進，從而縮小與已開發國家在化工、汽車、電氣及機械製造等工業機器人領域的差距，再以醫療健康、文化娛樂、家政服務為代表的服務機器人領域走在世界前列。

　　經過幾十年的不斷發展，工業機器人產業已經初具規模，在諸多生產製造領域有著極為廣泛的應用，培養出了一批掌握相關技術的優秀人才。在創業熱潮的引領下，一些人也走上了自主創業的道路，以教育、娛樂為代表的服務機器人創業公司開始大量湧現。

　　未來機器人將成為人類社會的重要組成部分，高度智慧化及人性化的機器人將讓我們的生活水準獲得提升。其中，能夠有效提升生產及營運效率的工業機器人、為人們提供醫療服務的服務機器人，將為人類社會創造出驚人的價值。

　　隨著人力成本的不斷增加，工業機器人在社會生產活動中扮演的角色將會越發關鍵。以日本為例，受制於勞動力短缺，1970 年代至 1990 年代期間，日本經濟發展速度受到明顯限制。為了打破這一局面，日本政府大力支持機器人產業，許多機器人創業公司在政府的扶持下研發出了各式各樣的工業機器人，在緩解勞動力短缺問題的同時，也使日本成為了世界機器人第一大國。

　　隨著經濟發展水準的不斷提升，及全球工業自動化及智慧化的持續推進，工業機器人市場將迎來爆發式成長期，在該領域擁有強大品牌影響力的企業將獲得極大的報酬。據業內研究機構公布的資料顯示，目前全球工業機器人在工作職位中的應用率僅有 5.63%，未來的工業機器人市場仍存在著無限可能。

　　目前，工業機器人在工程機械、汽車製造、軌道交通等領域的應用已經十分普遍，未來機器人產業的技術將朝著兩大方向不斷發展（如圖 8-2 所示）：

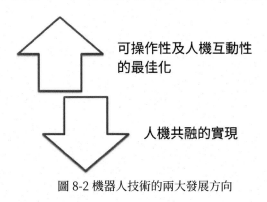

圖 8-2 機器人技術的兩大發展方向

其一，提升機器人的精度、適應能力、回應速度等，強化可操作性及人機互動性等方面的能力。媒體公布的資料顯示，1900 年至 2100 年期間，工業機器人的價格降低了將近 50%，其定位精度提升了 61%，而平均穩定執行時間則提升了 137%。毋庸置疑的是，隨著相關技術的持續突破，未來工業機器人的上述指標將會獲得極大的提升，它們甚至有可能將演化成為生產流程中的一個隨插隨用的標準化零部件，能夠在工業生產中發揮不可取代的關鍵作用。

其二，增強機器人的資訊化及智慧化水準，拓展機器人的應用範圍，開啟人機共融新時代。比如，日本在人型機器人領域不斷獲得持續突破，使機器人具備了與人們進行交流溝通的能力。隨著第四次工業革命的不斷深入，人機共融將會成為機器人領域研究的一大重點方向，也是眾多創業者、產業大廠及資本市場關注的領域。在工業機器人領域，人機共融的實現將賦予機器人像人一樣學習新技能的能力，能夠極大的滿足各種差異化生產活動，機器人也不再只是冰冷的機器，而將成為人們在工作職位中的重要合作夥伴。

8.2.2
工業 4.0 ＝大數據＋雲端運算＋機器人

2008 年金融危機全面爆發至今，多個已開發國家為了推動經濟發展，並在未來的世界經濟格局中搶占先機，紛紛推出了新的發展策略，比如，德國提出「工業 4.0」、美國提出「再工業化構想」、日本則提出「工業智慧化」等。雖然每個國家推出的策略在名稱及布局的重點領域方面有所差異，但無一例外的都強調加強對大數據、雲端運算等新一代資訊科技的應用。

在目前的製造業領域，哪家企業能夠在更短的時間、更為精準的發現消費需求並制定出完善的服務解決方案，誰就能在激烈的市場競爭中獲得絕對領先優勢。越來越多的企業重視運用物聯網、大數據、雲端運算等技術，研究產品生產、流通、交易等各個環節中的潛在問題，從而對產品進行不斷最佳化及完善，極大的增強了自身的核心競爭力。

大數據技術應用至製造業中後，最為關鍵的就是能夠讓企業及時了解自身可能存在的問題，從而有針對性的採取相應的策略，比如：最佳化產品設計流程、變革組織結構、調整行銷策略、強化供應鏈管理等。

行動網際網路時代，資料成為企業所擁有的一筆最為寶貴的無形資產。但它往往離散的分布在網際網路世界的各個角落，需要企業建立大數據中心來對其進行蒐集、分析及應用，從而提升企業決策的科學性、營運及管理效率等。

寶僑公司對大數據技術的應用尤其值得製造企業充分借鑑。以寶僑生產紙尿褲為例，以前為了充分保障紙尿褲的品質，寶僑公司需要藉助高解析度的相機對產品進行嚴格檢查。一旦檢查出問題時，就要暫時停產，直到找出所有不合格的產品，並解決產品生產過程出現的問題後才能恢復生產。這種方式不但需要花費較高的時間成本及人力成本，而且只能在出現問題後予以糾正，提高了生產成本，而且不利於提升生產效率。

而寶僑公司將大數據技術應用至紙尿褲生產流程後，品檢部門的員工能夠對生產過程進行即時監測，及時發現那些可能會出現問題的生產環節，在問題發生以前就做出及時調整，極大的提升了生產效率。據公布的資料顯示，大數據技術在紙尿褲生產環節的應用，使得寶僑公司每年的生產成本降低了 4.5 億美元。

同為新一代資訊科技的雲端運算技術，和大數據之間存在著密切的關聯。整體來看，雲端運算技術是為了有效應對呈幾何式成長的資料資源而創造出的一種全新的資訊處理技術。

雲端運算是一種建立在資訊化網路技術與電腦技術基礎上的綜合性技術，它使企業能夠將無序、離散的資料整合起來，並從中篩選出有價值的資訊，從而為企業管理層的決策提供即時、精準的資料支撐。雲端運算提升了大數據應用空間及價值變現能力，使得表面上看似毫無關聯的雜亂資訊變成了存在較高價值的資料資產，推動了工業資訊化的發展程序。

藉助雲端運算，企業能夠根據人們的個性化需求，將開放的資料資訊提供給有相應需求的人，從而使得大數據的應用更加人性化及智慧化。

將大數據及雲端運算技術應用至製造業後，可以讓企業對產品的整個生產流程進行即時、精準控制，從而有效解決潛在的問題及風險，更為關鍵的是它讓企業能夠靈活高效能的處理大量的資料資訊，增強企業的決策科學性及有效性，發現更多的潛在消費需求，從而讓企業能夠生產出更加符合市場需求的優質產品、開發一系列加值服務等。

在微觀角度上，有了大數據與雲端運算技術，製造企業的互聯化轉型程序將進一步加快，產品的生產流程將得到進一步最佳化，以應對市場變化及外部競爭的能力大幅度提升，為企業從產業鏈中最低階的加工製造環節，向溢價能力更高的高階客製化生產及加值服務方案供應環節轉變打下堅實的基礎。

在宏觀角度上，大數據及雲端運算在整個製造業的全面應用，將有力提升製造業的發展水準，使工業生產更加高效能、安全、低成本，使供給與需求高度搭配，推動製造業完成從勞動密集型向智力與資本密集型的現代製造業的轉型升級。

大數據對機器人商業模式的影響

毋庸置疑的是，工業機器人是衡量一個國家經濟發展水準及高階製造業水準的重要指標，在國家的大力支持及引導下，未來會有越來越多的創業者及相關企業加入到機器人產業中來。工業機器人是一種極具代表性的智慧製造裝置，目前在汽車製造、機械加工、食品加工及電子電氣方面有著極為廣泛的應用。目前市場中流通規模較大的工業機器人主要包括：測量機器人、噴漆機器人、裝配機器人、弧銲機器人、搬運機器人等。

以工業機器人為核心打造出的自動化生產線將成為製造業發展的一大主流方向，它能夠極大的提升生產效率、產品精度，緩解勞動力短缺等。

下面我們將從商業模式角度上，來分析大數據將會為工業機器人產業的商業模式帶來怎樣的變革。

◆商業模式的四個層面

從發展實踐來看，企業商業模式的核心要素主要包括以下九種：

1. 價值主張，也就是企業為消費者創造價值，產品及服務則是輸出價值的載體。

2. 客戶細分，企業根據自身的產品特點及發展策略對目標客戶族群進行細分。

3. 分銷管道，企業將創造的價值成功到達目標客戶群體的具體路徑。

4. 客戶關係，企業與客戶之間透過交流、合作等建立信任關係。

5. 核心能力及資源，使企業能夠在激烈競爭中存活下來的方式，當然對於不同的企業而言，其擁有的核心能力及資源在表現形式方面存在一定的差異，但它們的本質卻是統一的。

6. 關鍵業務，企業營運過程中，對核心資源的配置及生產流程進行最佳化。

7. 合作夥伴，企業的營運需要多種因素提供支撐，比如市場環境、監管政策、合作夥伴等。相對於其他因素而言，企業在合作夥伴方面可以發揮的空間更大，能夠透過與產業鏈上游企業之間建立穩定的合作關係，從而創造驚人的價值。

8. 變現方式，企業透過什麼方式來將產品或服務轉化為利潤報酬。

9. 成本結構，企業的價值創造活動需要消耗人力、財力、物力等多方面的成本。

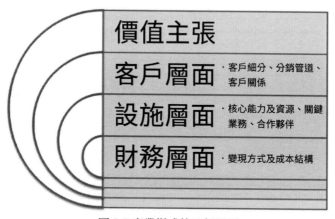

圖 8-3 商業模式的四個層面

綜合上述九種要素間的關係，我們可以將商業模式劃分成為四個方面（如圖 8-3 所示）：價值主張、客戶層面、設施層面及財務層面。客戶細分、分銷管道及客戶關係屬於客戶層面；核心能力及資源、關鍵業務、合作夥伴則屬於設施層；變現方式及成本結構屬於財務層面。

8.2.4
全球領先的四大工業機器人大廠

近年來，隨著人力成本的不斷上漲，企業界對工業機器人的重視提升

至前所未有的高度。一家家電大廠提出 30 億歐元收購德國工業機器人大廠庫卡公司的消息，更是讓各界為之震撼。據了解，截止到 2016 年 7 月底，該集團持有的庫卡公司的股份已經達到 76.38%，不過只有透過一些國際政府機構的反壟斷調查後，收購才能真正完成。

　　現階段，工業機器人在機械加工、汽車製造、電子電器等方面應用較為普遍，隨著相關技術的不斷突破，未來在化工、家電、軌道交通、航太等領域將會爆發出強大的能量。工業機器人的應用，有效降低了企業的營運及管理成本、使產品品質更趨穩定、實現彈性生產、提升了員工的工作環境等。

　　國際機器人聯盟公布的資料顯示，2014 年全球工業機器人銷量達到22.5 萬臺。全球四大機器人大廠銷量約占據了機器人總銷量的一半（如圖8-4 所示），其中日本發那科（FANUC）銷量約為 3.7 萬臺，占比 16.6%；德國庫卡（KUKA）銷量將近 2.9 萬臺，占比 11.2%；瑞士 ABB 與日本安川電機（Yaskawa Electric）銷量分別約為 2.8 萬臺、2.7 萬臺，占比分別為10.8%、10.7%。

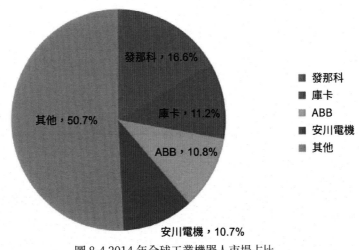

圖 8-4 2014 年全球工業機器人市場占比

無論是從掌握的核心技術，還是品牌影響力，這四家工業機器人大廠都已經在全球具有較強的領先優勢，下面將對其進行簡單介紹：

◆發那科（FANUC）

有著「富士山下的微軟」之稱的日本發那科株式會社（FANUC CORPORATION）是全球最大的機器人公司，其盈利能力在機器人企業中也高居榜首。該公司生產的工業機器人主要應用於機床、汽車、食品、生物製藥、金屬加工、塑膠電子及工程機械等諸多產業。包括豐田汽車、波音公司在內的多家大廠企業都與發那科公司存在合作關係。

發那科成立於 1956 年，在數控系統研發、設計、製造及銷售等方面具有統治級地位，到 1971 年時，發那科在大型專業數控系統市場中的市場占比高達 70%。

1974 年，發那科研發出該公司的首臺工業機器人。1977 年，發那科第一代工業機器人「ROBOT-MODEL1」實現量產。為了進一步對接市場需求，1999 年發那科開始研究並生產智慧機器人，如今智慧機器人業務已經成為該公司的一大重要利潤來源。

據發那科公布的資料顯示，截至 2015 年 11 月，發那科在全球市場的機器人裝機量高達 40 萬臺。位於日本山梨縣的發那科總部生產基地，其機器人月產能達到 5,000 臺，而且生產工廠內員工的數量很少，絕大部分的生產環節完全是由發那科生產的機器人控制。

◆庫卡（KUKA Roboter）

西元 1898 年建立於德國奧格斯堡的庫卡，是全球頂級智慧自動化解決方案供應商，也是德國「工業 4.0」策略的重要推動者。庫卡公司在自動化技術與機器人技術方面擁有強大的領先優勢，這也是為何會有集團不

惜鉅額資本爭取將其收購的主要原因。

1956 年，庫卡公司生產出了首臺面向冰箱及洗衣機的自動化銲接裝置，並且幫助福斯汽車公司打造出了首條多點銲接生產線。1971 年，庫卡幫助戴姆勒—賓士汽車公司打造了歐洲地區首條機器人參與的銲接流水線。1973 年，庫卡研發的世界上首臺六機電驅動軸工業機器人「FAMULUS」正式面世。

2007 年，庫卡公司推出了當時全世界規模最大、力量最強的 6 軸工業機器人「KR titan」，其承重能力高達上千公斤，作業範圍為 3.2 公尺。2013 年，庫卡公司又研發出了世界上首臺面向工業領域的感知型機器人「LBR iiwa」。

庫卡公司生產的機器人產品包括耐高溫機器人、防塵及防水機器人、無塵室機器人、銲接機器人、沖壓連線機器人、堆垛機器人等，在機床、塑膠、電子、食品、生物製藥、汽車生產等領域有著極其廣泛的應用。

◆ABB

ABB 集團是一家 1988 年建立的電力及自動化領域的國際大廠企業，其前身為瑞士的布朗 - 博韋里公司（BBC Brown Boveri）與瑞典奇異公司（ASEA）。

ABB 旗下的工業機器人業務在全世界同樣居於領先地位，其不僅提供機器人整機產品，還可以為客戶提供客製化的模組化製造單元及智慧生產服務解決方案。ABB 是世界上首臺電力驅動工業機器人與工業噴塗機器人的開發者。截至 2015 年底，ABB 在全世界的機器人總裝機量達到 30 萬臺。ABB 生產的機器人產品主要應用於汽車、塑膠、電子、木材、太陽能、鑄造、金屬加工、器械製造等領域。

目前 ABB 提供的機器人服務解決方案得到了多家頂級汽車品牌商的認可，並將其應用至自身的汽車產品生產流程中的沖壓自動化、白車身製造、成品塗裝、動力系統等諸多環節。蘋果、惠普、戴爾等公司也使用 ABB 集團生產的機器人來完成相機、桌上型電腦、筆記型電腦、智慧型手機等電子產品的拋光、壓磨、銲接及噴塗等工作。強生、阿斯特捷利康、葛蘭素史克等藥品大廠將 ABB 生產的機器人應用到藥品包裝、堆垛等環節中。

◆安川電機（Yaskawa Electric）

1915 年建立的日本安川電機株式會社（YASKAWA Electric Corporation），經過上百年的發展成為了一家在機器人、驅動控制、運動控制及系統工程領域擁有強大品牌影響力的國際大廠。該公司率先提出了「機電一體化」概念，並將其應用至產品生產的多個環節之中。

1977 年，安川電機研發出日本首臺全自動工業機器人，並將其命名為「莫托曼 1 號」（MOTOMAN）。隨後，安川電機又研發出了銲接、搬運、裝配、噴塗等多種類型的工業機器人。該公司生產的機器人在樹脂橡膠、汽車製造、電子電氣、機械加工等產業有十分廣泛的應用。

掘金藍海，個人化製造！人工智慧的商業化路徑：

工業 4.0 時代的科技革命，揭祕新工業時代製造的演進與突破

作　　者：陳炳祥

發 行 人：黃振庭

出 版 者：崧燁文化事業有限公司

發 行 者：崧燁文化事業有限公司

E-mail：sonbookservice@gmail.com

粉 絲 頁：https://www.facebook.com/sonbookss/

網　　址：https://sonbook.net/

地　　址：台北市中正區重慶南路一段六十一號八樓 815
　　　　　室

Rm. 815, 8F., No.61, Sec. 1, Chongqing S. Rd., Zhongzheng
Dist., Taipei City 100, Taiwan

電　　話：(02)2370-3310

傳　　真：(02)2388-1990

印　　刷：京峯數位服務有限公司

律師顧問：廣華律師事務所 張珮琦律師

─版權聲明─

定　　價：350 元

發行日期：2024 年 01 月第一版

◎本書以 POD 印製

國家圖書館出版品預行編目資料

掘金藍海，個人化製造！人工智慧
的商業化路徑：工業 4.0 時代的科
技革命，揭祕新工業時代製造的演
進與突破 / 陳炳祥 著 . -- 第一版 .
-- 臺北市：崧燁文化事業有限公司，
2024.01
面；　公分
POD 版
ISBN 978-626-357-925-5(平裝)
1.CST: 人工智慧 2.CST: 產業發展
312.83　112022192

電子書購買

臉書

爽讀 APP